天台饲养间

轻松养好植物的极简指南

云朵工厂 著

中信出版集团 · 北京

图书在版编目（CIP）数据

天台饲养间 / 云朵工厂著 . -- 北京：中信出版社，2018.11（2021.7 重印）
ISBN 978-7-5086-9581-5

I. ① 天… II. ① 云… Ⅲ . ①观赏园艺 Ⅳ . ① S68

中国版本图书馆 CIP 数据核字（2018）第 228539 号

天台饲养间

著　　者：云朵工厂
出版发行：中信出版集团股份有限公司
（北京市朝阳区惠新东街甲 4 号富盛大厦 2 座　邮编　100029）
承 印 者：北京盛通印刷股份有限公司

开　　本：880mm×1230mm　1/32　　印　　张：12.75　　字　　数：230 千字
版　　次：2018 年 11 月第 1 版　　印　　次：2021 年 7 月第 4 次印刷
书　　号：ISBN 978-7-5086-9581-5
定　　价：79.00 元

序

我有一个天台，上面种了很多植物，首先我要感谢这个天台，要是没有它，就没有这本书。

我很早就想在天台养植物，一是为了把我在大学学习到的园林专业知识运用到实践中，而不至于让它荒废（我如今从事着与这个专业毫不相关的工作）；二是我觉得在天台上造一个屋顶花园实在是一件很美好的事。我时常想象自己在办公室工作累了的时候，端一杯咖啡爬到楼顶，坐在一把舒服的椅子上，享受“森林浴”般的惬意，或许还能看见几只蝉或甲虫，抑或听到一阵轻柔的嗡嗡声。

三年前的夏天，我开始往天台搬了一批冬青卫矛，就是北方绿化带常见的大叶黄杨，还有一捆五叶地锦，5 棵月季。后来因为要出差，我就把植物交给同事照顾。

黄杨比较好养，日常浇水就行；地锦和月季因为还没有生根，我比较担心。一年之后我回到天台，发现大叶黄杨长得还不错。奄奄一息的五叶地锦和月季，在我的抢救下，也都重新发芽。

每天下班，我都要去天台给大叶黄杨浇水。到了冬天，常绿的黄杨，成了天台唯一的绿色。

去年年初，我在一个拆迁的废弃苗圃发现了一堆红陶盆，于是就搬到天台，正式开始了天台建设。同时，天台也有了一个名字，叫“天台饲养间”。

我很喜欢“饲养”这个词，在我看来，植物和动物一样，都具有生命，养植物也需要像饲养小动物一样细心照顾。

在开始之前，我还有一堆准备工作要做。周末去郊外挖黄土，下班后去废品站挑选一些木箱做花箱，晚上上网查资料选植物种子。赶在春天来临之前，我做好了一切准备。

三月，春回大地，我带着忐忑的心情，开始采购椰糠等种植土、花盆，以及各种植物，并全部种下。

四月，我开始准备天台小菜园，种了番茄、生菜、黄瓜、辣椒等各种蔬菜瓜果。

五月，月季、茑萝、牵牛等植物陆续开花，天台到了最美的季节。

六月，蔬菜开始长大，陆续结果。

七月，我收获了各种蔬菜，吃了许多番茄。

八月，天台饲养间建成。

在这几个月里，我白天在天台浇水、施肥、拔草、捉虫，晚上上网学习每种植物的习性和养护知识（大学阶段学习的那些理论知识实在是九牛一毛，知识储备完全不够），我发现网上搜到的很多内容都不太实用，也有一些知识在实际操作中发现不太准确。

于是我开始自己总结照顾植物的经验，同事帮忙画了插图，我们一起做成了植物饲养手册。我把这些插画发到微博、豆瓣，希望能够帮助热爱植物的人，让他们也能照顾好自己的植物。

再后来，我在豆瓣和微博都收到了多家出版社发来的约稿信。这本书也应运而生，它是一本非常入门的植物养护书籍，总体上分为园艺基础知识和植物养护两块。

园艺基础知识部分，非常适合那些对植物感兴趣但是不知道如何入门的小伙伴，从了解土壤到学习如何浇水、如何网购植物，你都能得到答案。

植物饲养手册部分，我介绍了 30 多种适合新手的植物养护指南，其中绝大部分都是我在实际饲养过程中的经验总结，我把它们大致分成了这样几类：春播植物、秋播植物、室内植物、香草植物和果蔬类植物。每一种植物都从其历史溯源简单说起，从品种到购买指南再到种植指南，以及养护知识，我都以图文并茂的形式简明扼要地做了介绍。希望对你们有所帮助。

当然，本书不免会有一些错误和遗漏，欢迎读者指正。

云朵工厂　天台君

2018年8月8日

目录

春播植物篇

秋播植物篇

室内植物篇

香草植物篇

果蔬篇

基础操作篇

春播植物篇

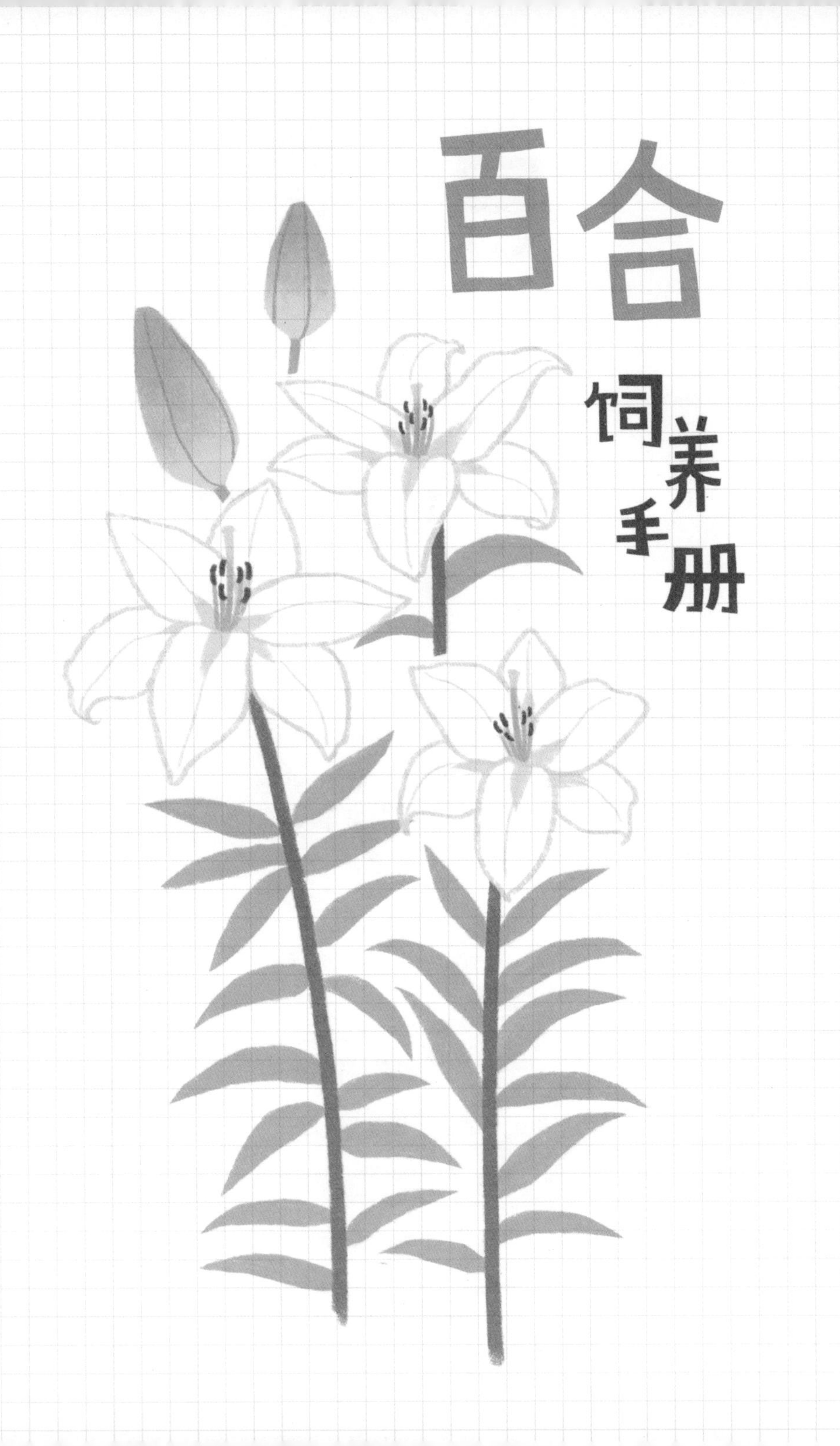
百合
饲养手册

百合花

原产亚洲东部，多为野生品种，后来被欧美的园艺家育出许多园艺品种。

百合取自“百年好合”之意，也是花店里最常见的切花之一，除了买回去插花瓶里，其实你也可以亲自在家里养一盆百合。

百合很好养，是一种非常适合新手的春季球根植物。

当你准备养一盆百合时，会发现百合有很多分类，每个分类又有超多品种，让人眼花缭乱，手足无措。

以下几种是你经常看到的百合分类：

这几类百合又被园艺家杂交，培育出一些杂交百合。

铁炮百合 + 亚洲百合 = LA百合

铁炮百合 + 东方百合 = LO百合

东方百合 + 喇叭百合 = OT百合

东方百合 + 亚洲百合 = OA百合

其他还有卷丹百合、豹纹百合、林荫百合等等。

百合品种

亚洲百合

（Asiatic Hybrids）

系列（简称A）

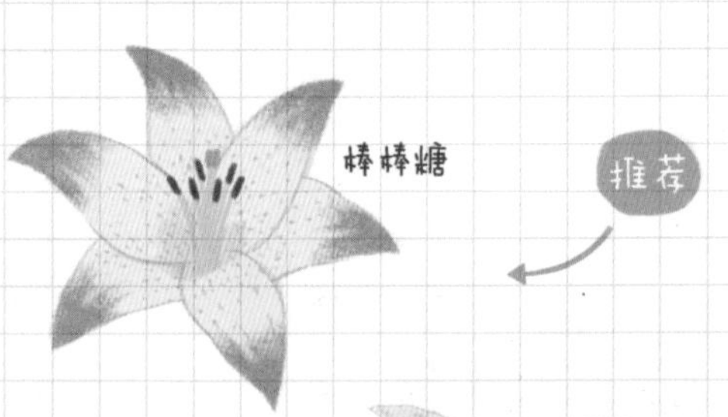

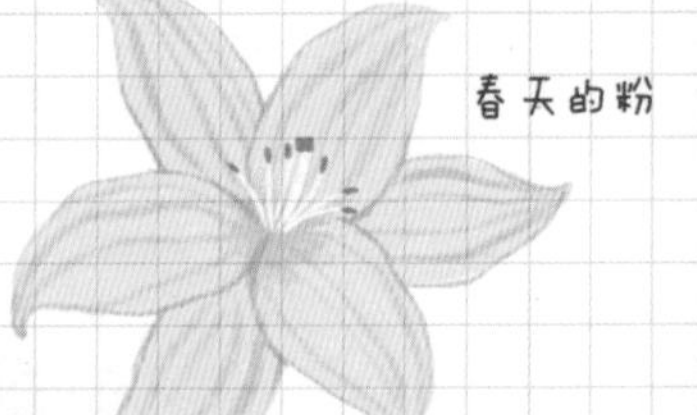

花色多、株型矮、花量大，适合盆栽，

极耐寒（东北可露地过冬）。

缺点：没有香味。

开花所需时间：从种下起2~3个月。

东方百合

（Oriental Hybrids）

系列（简称O）（香水百合）

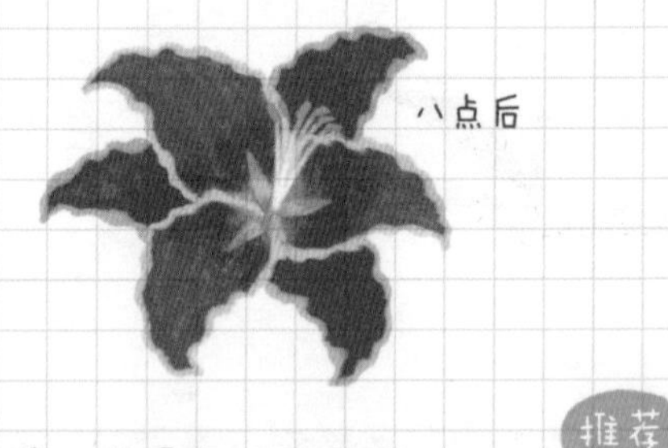

花店最常见的百合，大花浓香，花朵张扬而华丽。

单瓣品种适合盆栽，重瓣高大品种建议地栽。

复花能力：较弱。

缺点：缺钙导致叶烧病。

开花所需时间：3个月左右。

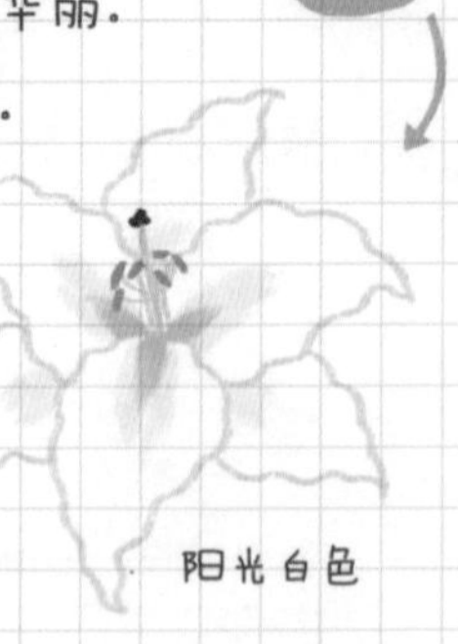

百合推荐

OT百合

优点：花量大，复花性好、耐热性好，株型较大，花大，香气浓郁，适合庭院和大容器。

缺点：第一年花不多，某些品种花大得畸形，花容易下垂。

开花所需时间：3个月左右。

推荐

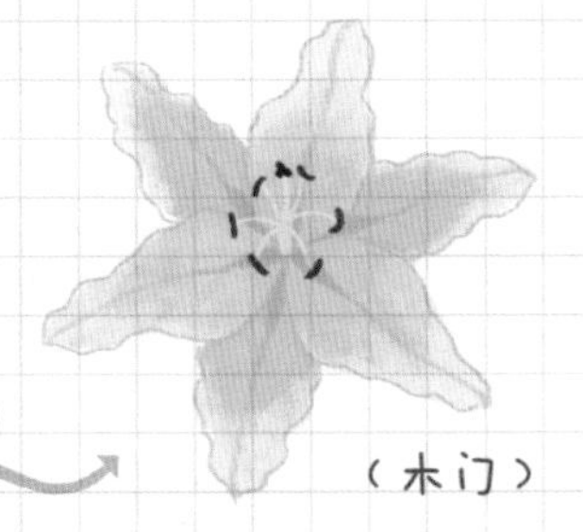

（木门）

LA百合

优点：适合盆栽、大花无香或淡香，分球性强。

缺点：花型僵硬，花容易畸形。

开花所需时间：2个月左右。

推荐

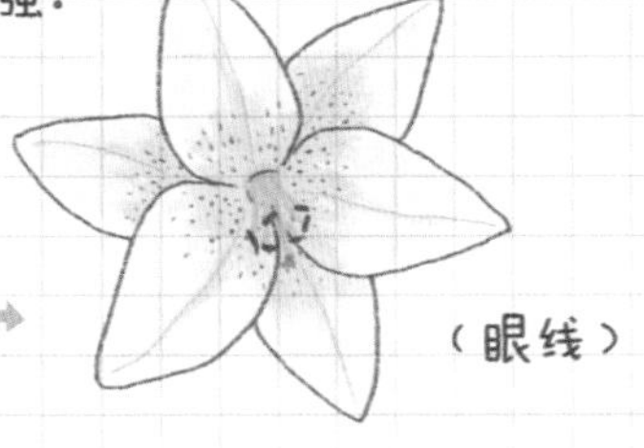

（眼线）

LO百合

优点：适合地栽，大花，有香味，复花性好，耐热性好。

缺点：光照不足则颜色变淡，高温下单花期不长，花苞偏少。

开花所需时间：3个月左右。

推荐

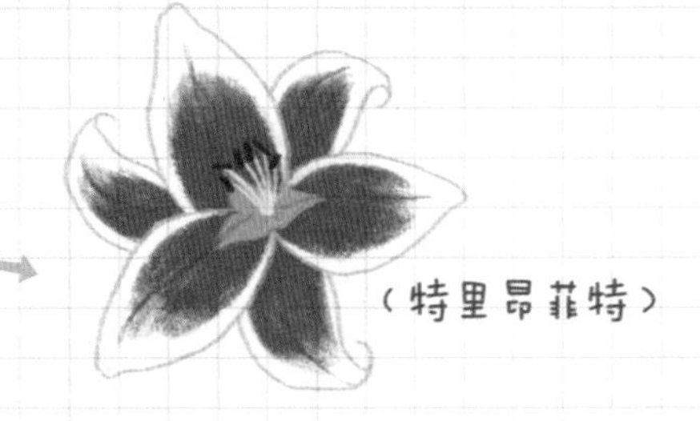

（特里昂菲特）

购买指南

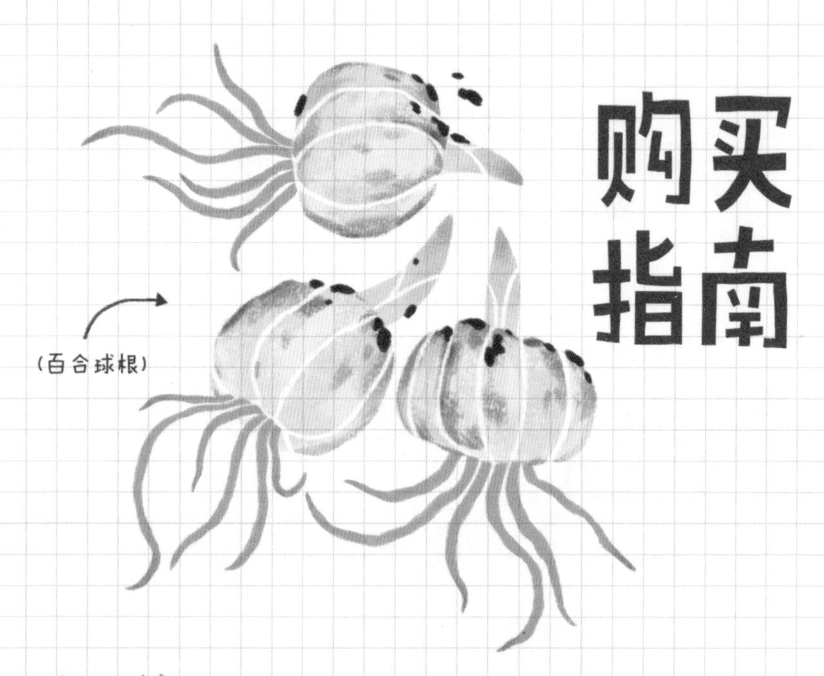

购买时间：春播百合一般1月预售，秋播百合9月预售。

球根大小：百合球根一般在14~16厘米左右，规格太小不要买。

购买数量：单品种最少购买3棵，开花观赏效果最佳。

一些小Tips

不喜欢香味：亚洲百合、LA百合。

喜欢香味：东方百合、LO百合、OT百合。

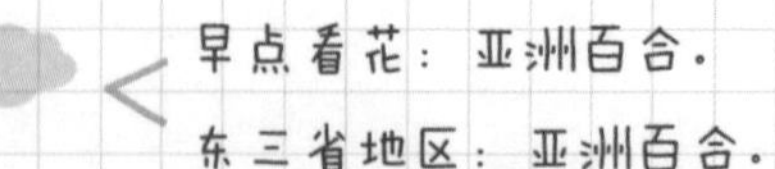

早点看花：亚洲百合。

东三省地区：亚洲百合。

光照不充足：东方百合。

光照充足：亚洲百合。

盆栽：亚洲百合、东方百合盆栽系列。

地栽：东方重瓣百合、OT百合、喇叭百合、LA百合。

种植指南

种植时间：春播3~4月，秋播9月。

种球处理：清理干枯腐烂的须根，泡杀菌剂30分钟，晾干。

花盆选择：除亚洲百合外，盆高至少20厘米，建议2加仑盆3颗球。

基质准备：舒适透气的基质，地栽要种在排水良好的地方，避免积水烂球。

种植步骤

1. 在花盆底部铺一层陶粒。
2. 铺三分之一基质，将种球均匀放入花盆。
3. 覆土埋住种球后，加入适量缓释肥。
4. 继续覆土，浇透水。放在阴凉处等待发芽。

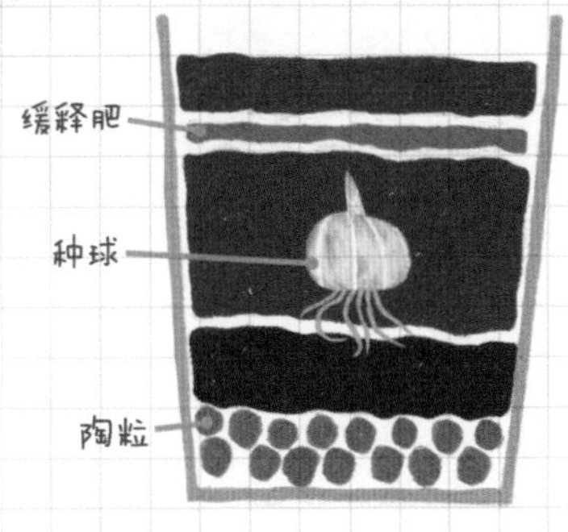

Tips

1. 覆土深度至少“球上一球土”，比如你的种球高5厘米，至少覆土5厘米，以此类推。

2. 百合是茎生根吸收营养，所以缓释肥要撒在种球上面。

养护

光照　发芽之后开始晒太阳，光照不足容易消苞，花期高温要适当遮阳

水分　“不干不浇，一次浇透”

施肥　生长期用花多多1号，出现花苞用磷酸二氢钾

病虫害

百合病虫害很少，虫害一般是蚜虫，用吡虫啉和阿维菌素混合使用。

叶烧病：主要发生在东方百合，原因是缺钙，记得提前使用钙肥。

百合消苞

↓

原因：

光照不足（亚洲百合系列）

温度过高（30℃以上，东方百合系列）

花苞积水也是一个原因，要注意避免

花后管理

1 百合花苞变色或者即将开放时，可以将花剪下，作为鲜切花观赏。

2 继续浇水施肥（液肥和有机肥都可以）让球根吸收营养复壮。

3 随着茎叶干枯，慢慢减少并停止浇水，种球开始休眠，第二年春天重新发芽。

Tips

亚洲百合和卷丹百合容易出现珠芽，变黑成熟之后采收，秋季播种，2~3年开花。

大丽花

饲养手册

春季球根植物里，除了百合，最好养的就是大丽花，花期长，品种多，非常好看。

大丽花的块根很像地瓜，所以也叫地瓜花，原产墨西哥，后来被当作食用作物引种到欧洲，结果没有成功，反而被园艺学家培育出许多品种。

分类

目前大丽花约57000种，并以每年100多种的速度在增加，

这么多品种，按照花型分为14类，常见的有：

单瓣型

银莲花型

装饰型

球型

仙人掌型

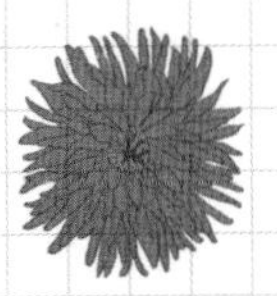

半仙人掌型

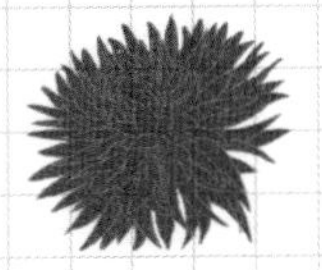

除了按花型分类，

按照株高也可以将大丽花分为矮生型、中生型、高生型。

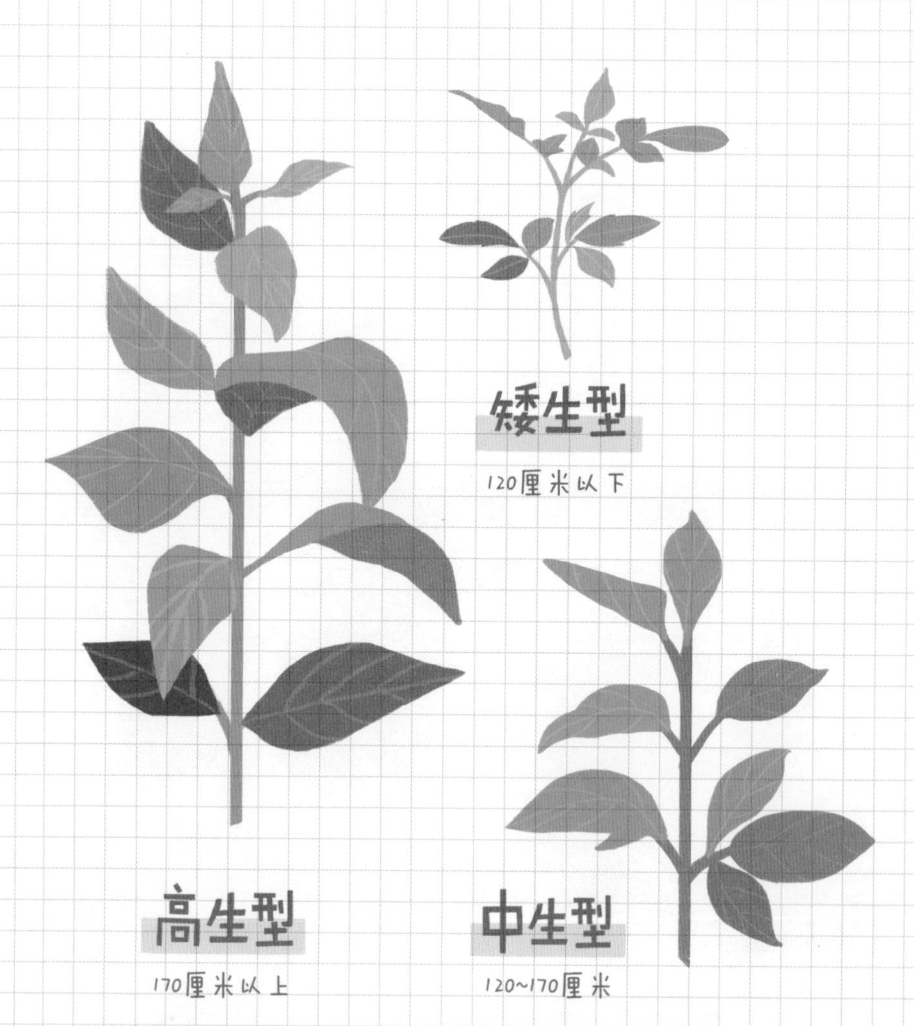

Tips

1.盆栽优先考虑矮生型和中生型，地栽可以选择高生型。

2.大丽花长至50厘米高时，可以搭竹架，避免倒伏。

品种推荐

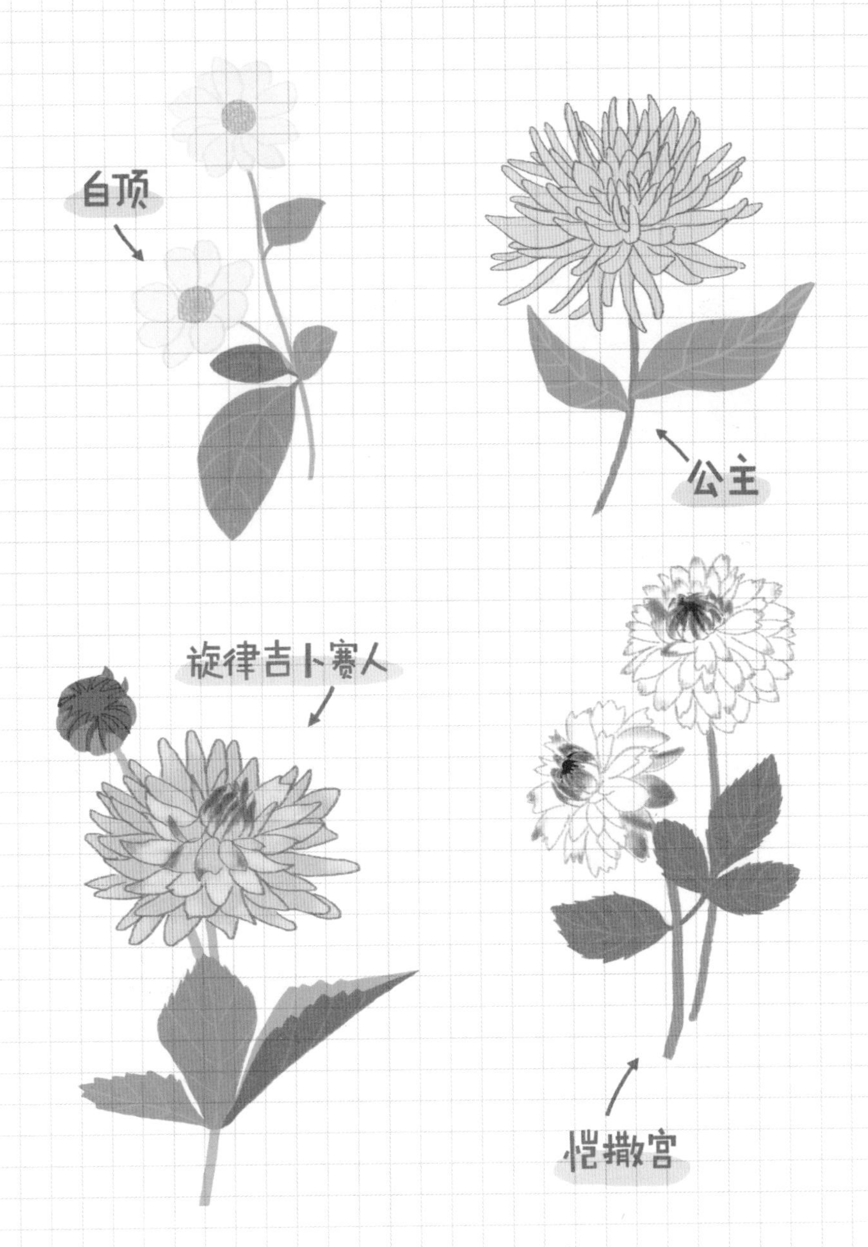

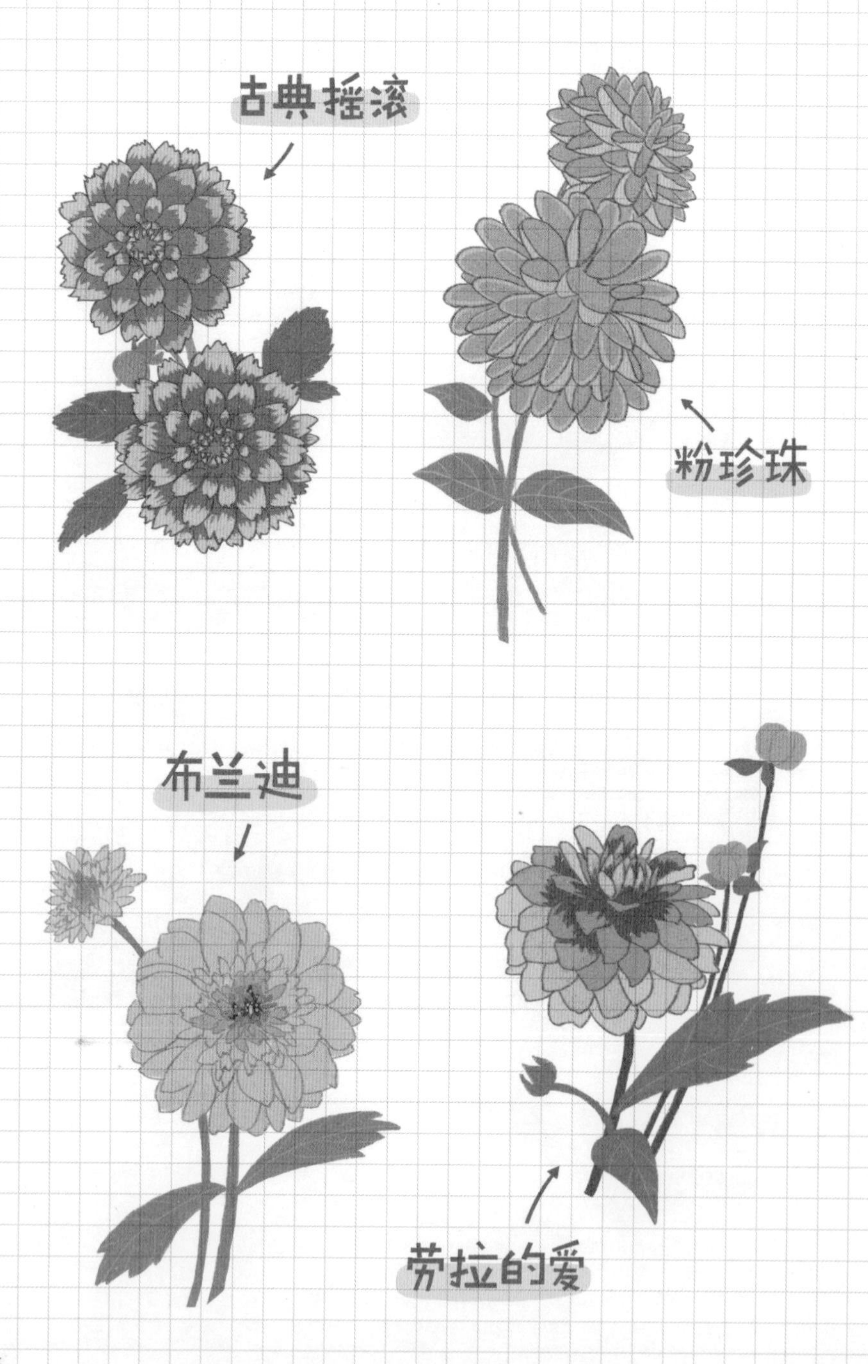
古典摇滚
粉珍珠
布兰迪
劳拉的爱

网购和种植

网购指南

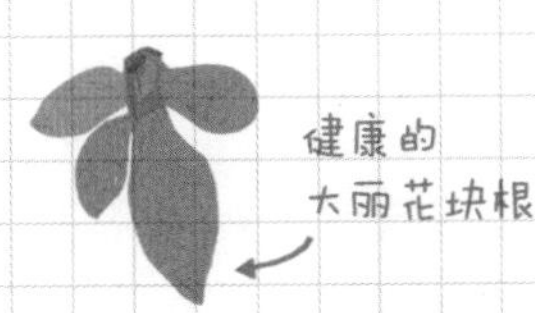

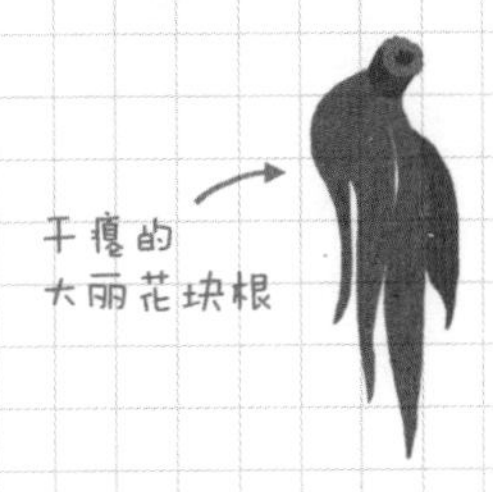

1 购买时间：一般12月至次年2月预售，建议提前购买，可选择的品种多，发货早。

2 因为是预售，建议选择2~3个卖家分别购买，保证可以收到块根。

3 收到块根后立即检查，如出现腐烂现象，及时和卖家联系。

4 部分块根可能会出现脱落，可以先进行催芽，如果没有发芽，可以再联系卖家处理。

催芽处理

大丽花块根

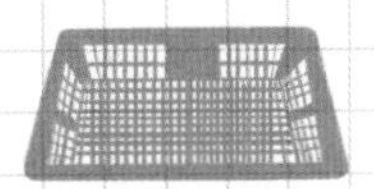

1 材料准备：网眼种植筐、蛭石、大丽花块根。

2 在种植筐底部铺1~2cm厚蛭石，将大丽花块根平放在蛭石上。

3 用蛭石将块根埋住，然后浇水让蛭石湿润。

4 放在阴凉处，保持湿润，一周就会发芽。

5 发芽之后就可以进行种植啦。

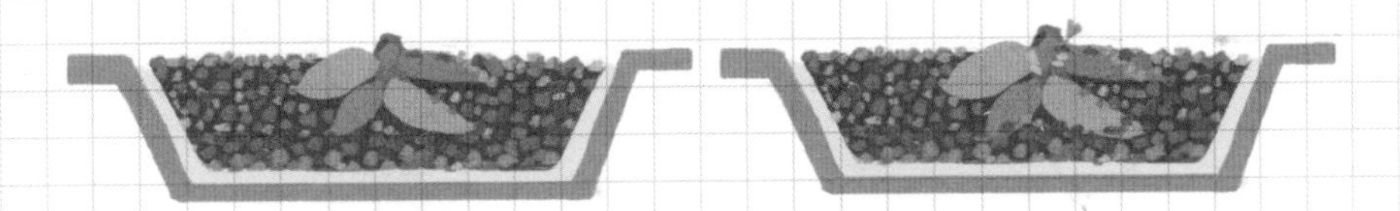

Tips

如果一直不发芽，可能是因为没有芽点，可以找卖家进行售后处理哦。

饲养手册

催芽后的大丽花种下之后，一般一周就会长出新芽，

介绍一下日常管理：

1 光照→ 8~12小时光照，室内阳台至少6个小时。

2 浇水→ 不干不浇，一次浇透。

3 施肥→ 种植时使用缓释肥或有机肥，日常追肥使用花多多1号肥，花期使用花多多2号，一周1次。

4 度夏→ 夏季光照太强，避免大丽花暴晒，适当减少光照使大丽花度夏。

5 病害→ 灰霉病、白粉病、花枯病、白绢病，平时以预防为主，如

6 虫害→ 发生病害，可以使用阿米妙收、敌力脱等药剂。

蚜虫、红蜘蛛，常备吡虫啉，发现后立即使用。

修剪和扦插

掐掉

抹芽

修剪

1.摘心：发芽后，主干长到第3~4个芽掐掉，促发新芽。

2.初花开过之后，剪掉初花，促发新芽。

3.二次开花后，可以继续修剪，促发新芽。

4.抹芽：大丽花在生长时，花蕾下方的侧芽都需要剪掉，避免消耗养分。

扦插

剪掉的大丽花侧芽，扔掉可惜，
可以尝试扦插。

步骤：

1.将蛭石装入穴盘或花盆，并浇透水。

2.将侧芽插入穴盘，放置阴凉处。

3.保持蛭石湿润，1~2周生根发芽，进行换盆。

越冬和分根

越冬

大丽花块根不耐寒，冬季要挖出挪到室内储藏，

挖取时间在10℃左右，具体步骤：

1 留10厘米左右主干，其余植株全部剪掉；

2 用小铲沿着盆壁轻轻松土，然后倒置花盆，取出整个土球；

3 去掉多余根系和盆土，将块根清理干净（可以带少量泥土）；

4 将块根放置在阴凉的地方2~3天后，和细沙或蛭石一起，装在保鲜袋内储存；

5 将保鲜袋放在3~5℃环境储存，并定期取出检查是否腐烂或发霉；

6 来年当地低温稳定在10℃左右时，可以取出重新催芽种植。

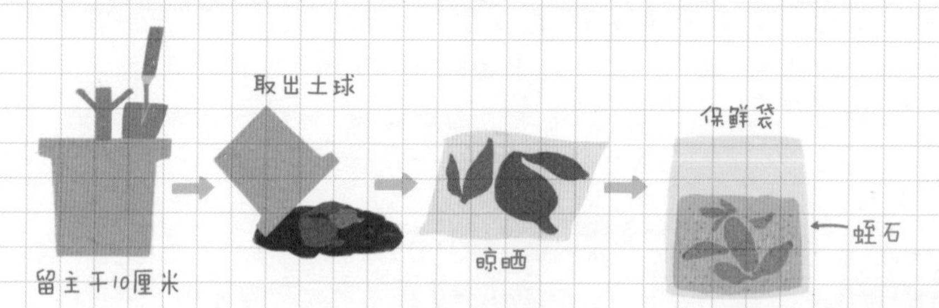

分根

催芽后会出现很多新芽，如果想繁殖，

可以采用“分根法”，步骤：

1 检查新芽位置，一般每个新芽带2~3个块根，确认可以分成几块；

2 用小刀，依次将新芽带块根一起切掉；

3 将分好的块根风干一晚，进行种植。

矾根

— 饲养手册 —

介绍

矾根因为五彩斑斓的叶片，被誉为"花园的调色盘"，加上耐阴耐寒的特性，不管是地栽还是盆栽，都非常好养。

由于矾根的叶过于耀眼，所以很多人会忽略它的花，矾根的花其实也非常漂亮，像一个个小铃铛，所以矾根也叫珊瑚铃。

品种

矾根的品种非常多，足以让人挑花眼，

颜色分为绿、黄、红、紫几个色系，

还有一些带花纹，简单推荐几种：

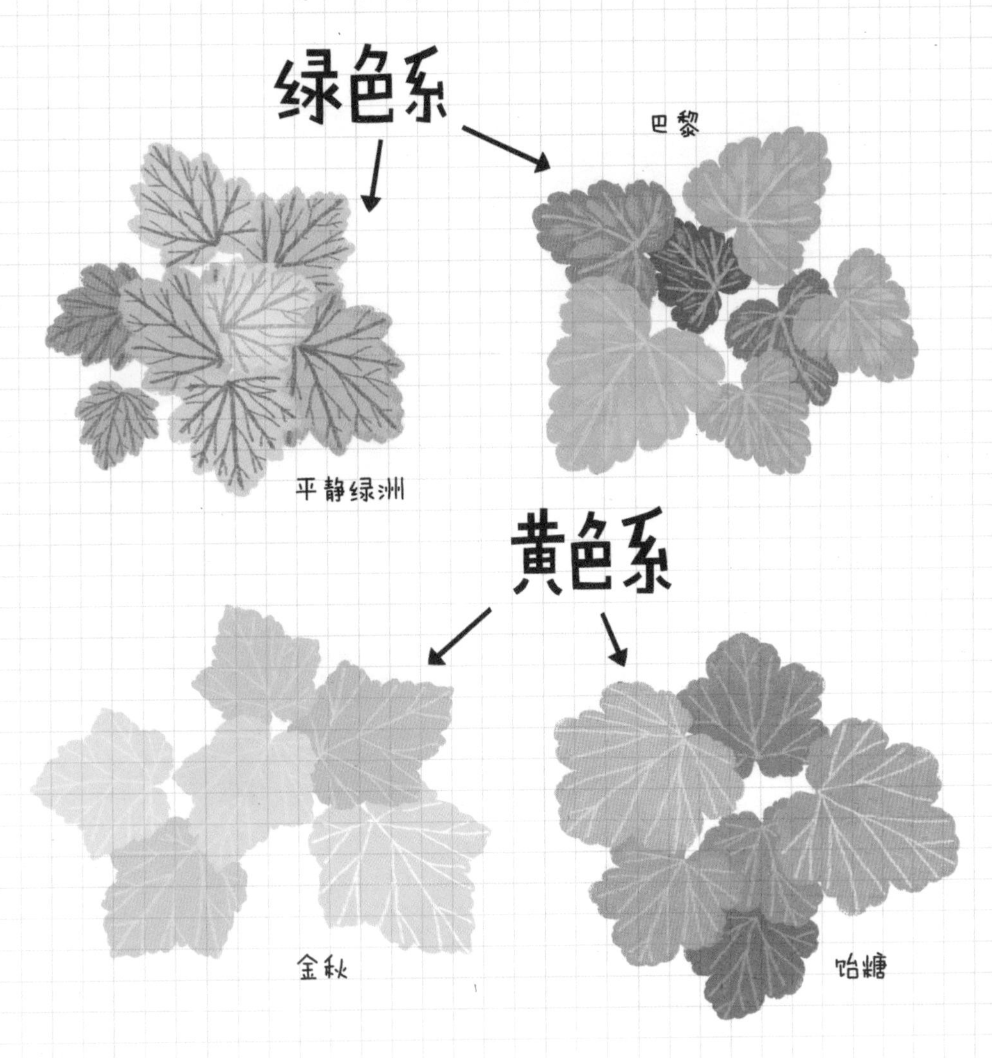

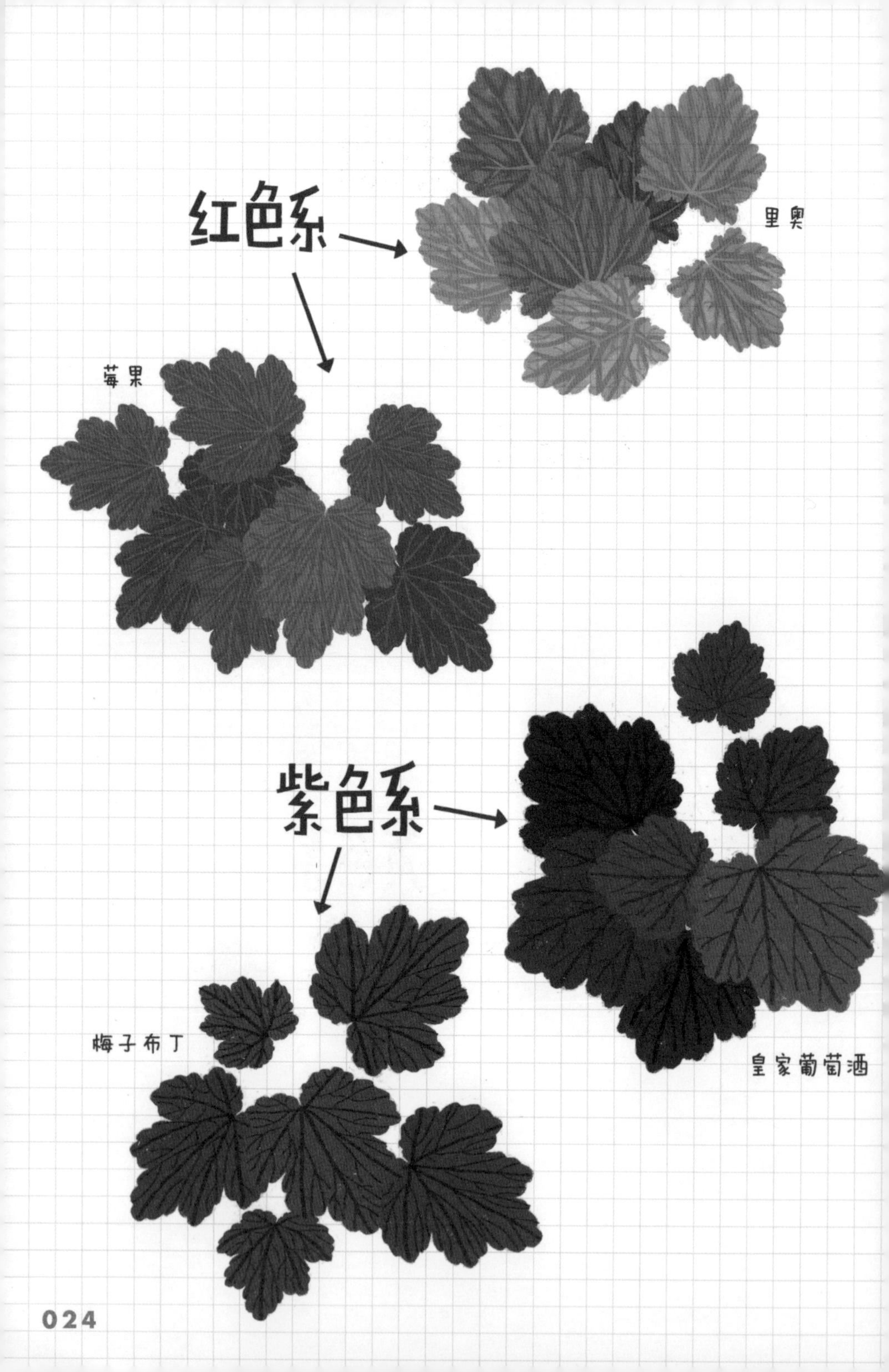
红色系
里奥
莓果
紫色系
皇家葡萄酒
梅子布丁

还有一些品种，有**双色花纹**

网购指南

购买时间：推荐春秋季购买，温度适宜缓苗和生长。

看清规格：不同规格价格不一样，要问清楚，新手不推荐买穴盘苗。

注意“色差”：矾根在不同环境、温度下，同一品种的叶片的颜色会有不同。

做好心理准备！

品种搭配

日常饲养

基质：选择排水良好的基质，盆栽底部可以铺一层颗粒石。

光照：除了夏季避免暴晒，其他时间无论光照如何，都能健康生长。

浇水：如果光照不好，尽量保持盆土略干，避免太湿引起烂根。

不干不浇，一次浇透。

施肥：每年春秋换盆季，可以加入缓释肥，日常使用花多多液肥。

过冬：矾根能耐-15℃低温，冬季会落叶，次年重新长出新叶。

繁殖方式

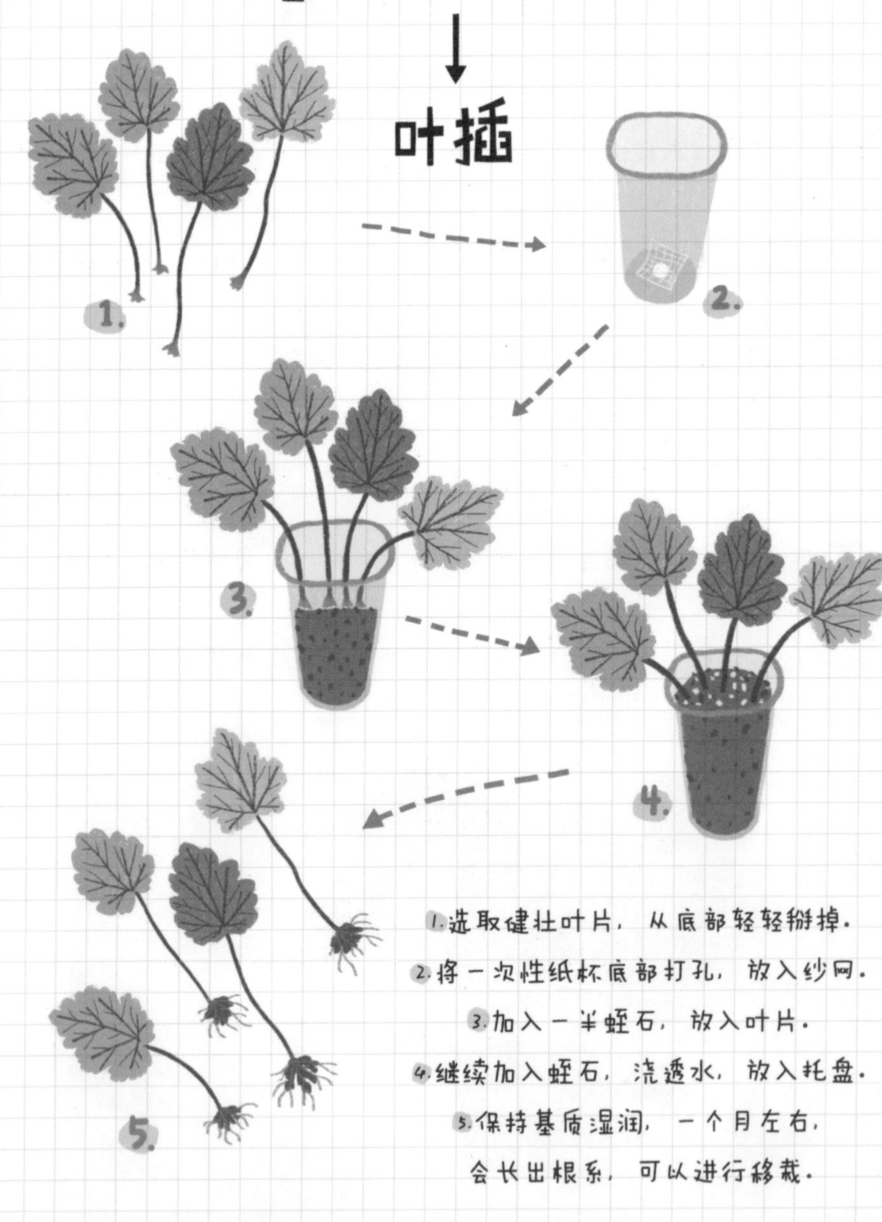
叶插
1.
2.
3.
4.
5.
1.选取健壮叶片，从底部轻轻掰掉.
2.将一次性纸杯底部打孔，放入纱网.
3.加入一半蛭石，放入叶片.
4.继续加入蛭石，浇透水，放入托盘.
5.保持基质湿润，一个月左右，
会长出根系，可以进行移栽.

分株

除了叶插繁殖，已经爆盆的矾根还可以分株繁殖，在春秋换盆季进行分株。

步骤：

1.将花盆倒置，慢慢将矾根带土脱出；

2.去掉三分之二土壤，将矾根分成2~3份；

3.将分开的矾根分别上盆，完成分株。

病虫害

1.预防为主，发现枯叶黄叶，立即剪掉，以免滋生灰霉病害；

2.花盆避免积水，防止烂根，常备阿米妙收杀菌剂。

虫害：矾根虫害较少，菜青虫危害叶片，发现后捉除，蚜虫危害花苞，清水冲洗即可。

玉簪
饲养手册

这篇不是介绍头饰“玉簪”，

而是植物“玉簪”，

因花苞和古簪很像而得名。

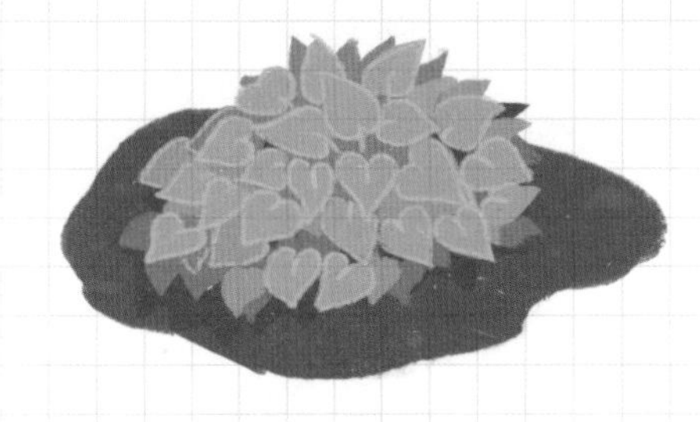

玉簪原产我国，后来引种到国外，

被培育出几千个观叶品种，

在国外，花园里经常可以看到玉簪，

是非常出效果的地被植物。

很多人的小阳台采光不好，

养不好喜阳植物，

其实可以选择喜阴植物，

比如玉簪，可以说是喜阴植物 TOP1。

当然，如果你想在阳台养一盆，

先收好这篇饲养手册。

玉簪按照株型，可以分为迷你品种、中型品种、大型品种。

婴儿蓝眼

Baby Blue Eyes

迷你品种（盆栽）

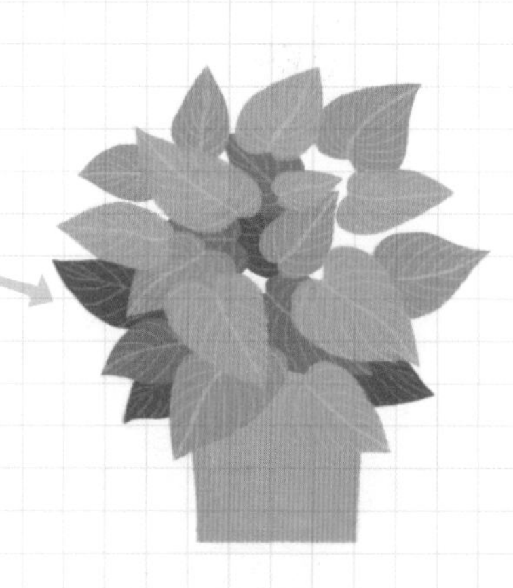

美国甜心

American Sweetheart

中大型品种（盆栽或地栽）

巨无霸

Sum and Substance

大型品种（地栽）

彩色品种

当然，玉簪最受欢迎的还是多彩的叶色，可以分为几大类：

蓝色品种

蓝色玉簪的叶片上有一层“粉”（蓝莓果上那种），一般春天的新叶最蓝，成熟植株比小苗更蓝，强光和温度会让蓝叶变绿。

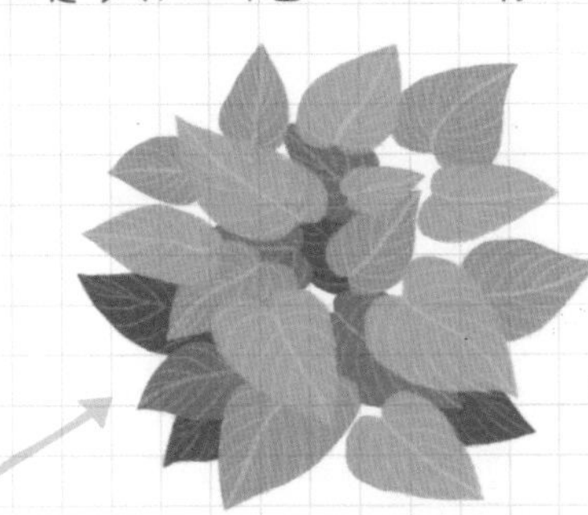

婴儿蓝眼
Baby Blue Eyes

蓝色夏威夷
Blue Hawaii

金黄品种

叶片一般为嫩黄或金黄色，光照和温度不同，颜色也会不太一样。

八月之月
August Moon

杯中之悦
Cup of Joy

绿色品种

绿色品种，比较常见的颜色。

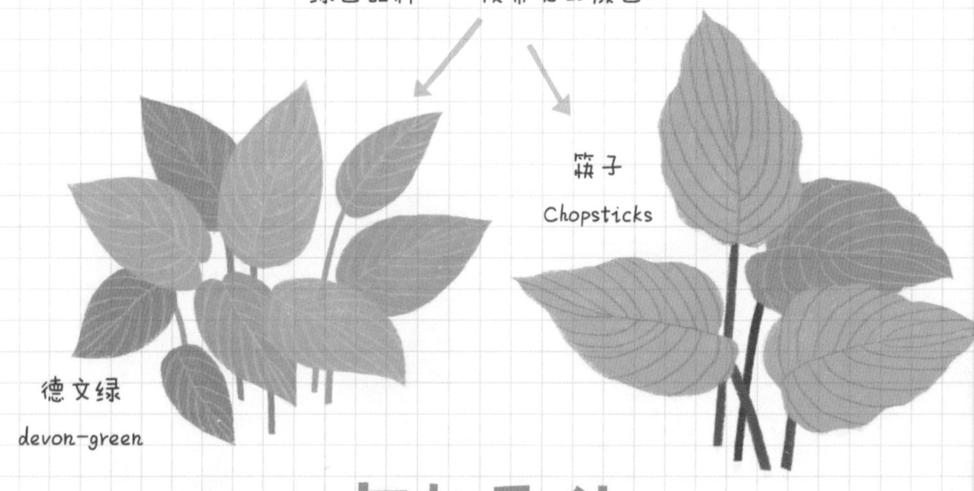

复色品种

复色品种也是非常受欢迎的一类，一般有白绿复色、黄绿复色、白蓝复色等。

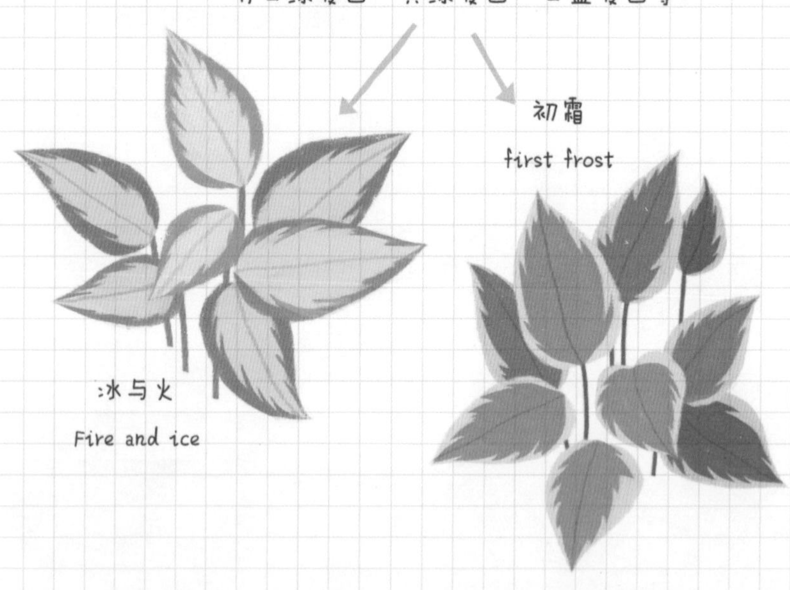

网购指南

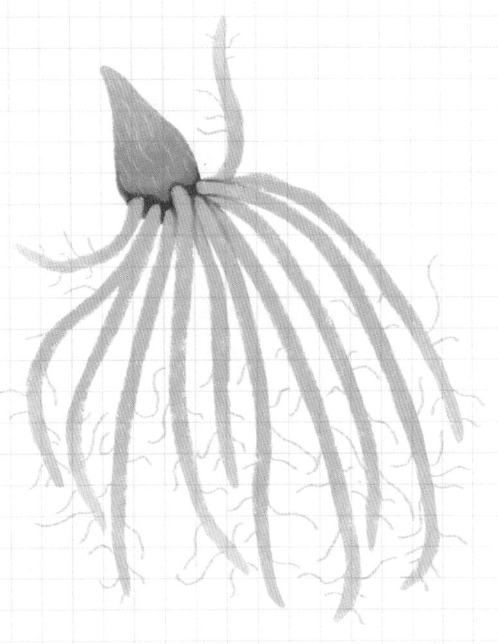

1 进口玉簪在1月预售，3~4月发货，一般为裸根发货。

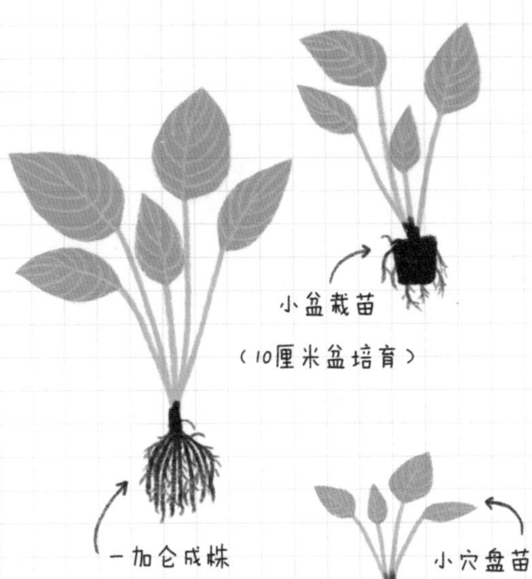

2 除了裸根，也有一些组培苗，规格如图，购买之前询问清楚。

3 玉簪一般地栽，盆栽可以同一品种买3株养一盆，比较容易爆盆。

玉簪上盆

以裸根为例，刚买回来的玉簪，要及时上盆。

上盆准备

1. 口径20~30厘米花盆
2. 营养土一份
3. 缓释肥一份

3

上盆步骤

1. 将缓释肥加入营养土，充分混合。
2. 将花盆装满三成营养土，放入玉簪裸根。
3. 继续覆土，轻轻压实，浇透水。
4. 放置阴凉通风处，等待发芽。

养护指南

光照： 玉簪是阴生植物，千万不要暴晒，暴晒会导致叶片烧焦，甚至死亡。

浇水： 坚持“不干不浇，一次浇透”原则，夏季玉簪需水大，早晚要检查是否缺水。

温度： 玉簪耐寒，冬季地面叶片发黄脱落，次年春季会重新发芽。

施肥： 每年春季和秋季，施有机肥各1次，日常使用花多多1号液肥。

虫害

玉簪病害浇水，常见的虫害有蜗牛和蛞蝓（俗名鼻涕虫，外形像去壳的蜗牛）可以人工捉掉。

绣球饲养手册

绣球花又叫八仙花，在日本叫紫阳花，不管是南方的梅雨季，还是北方炎热的夏日，绣球花都能一直盛开，部分品种绣球花随着土壤PH值的变化，颜色也会发生深浅的变化，总之非常迷人。

分类

绣球花狭义上指的是绣球科绣球属植物，包括大花绣球、乔木绣球、圆锥绣球，广义上，因为花型相似，还包括五福花科荚蒾属的部分植物，比如绣球荚蒾、欧洲荚蒾等。

简单介绍一下：**大花绣球**

株型低矮，适合盆栽，品种系列多，老枝开花可调色，新手必养。

万华镜

无尽夏

大花绣球里唯一一个新老枝都可以开花的品种，一听名字就遐想无限。

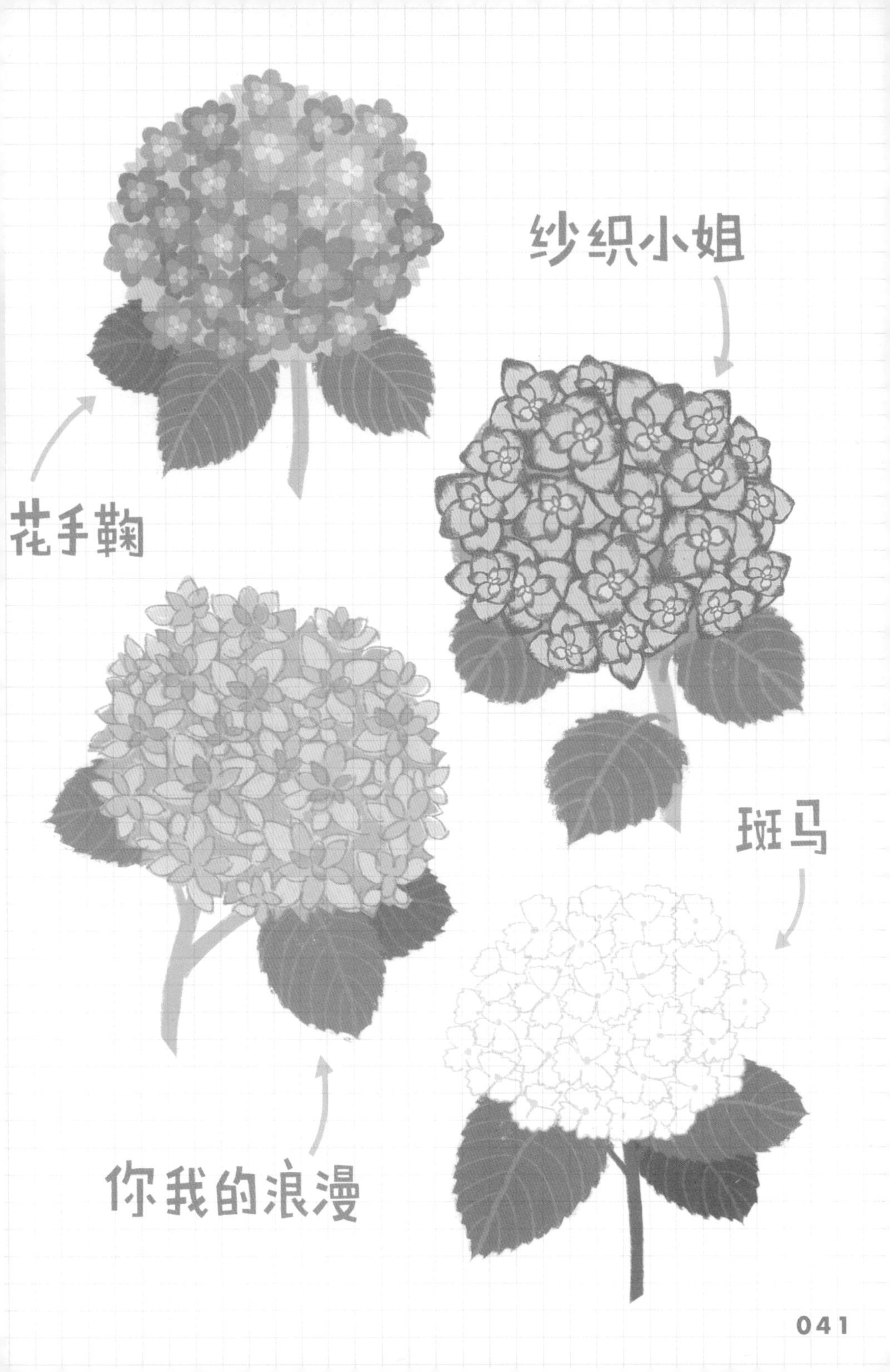

纱织小姐
花手鞠
斑马
你我的浪漫

品种推荐

石灰灯

圆锥绣球：新老枝开花，花型似圆锥，更耐寒耐晒。推荐两个品种。

粉色精灵

乔木绣球：新枝开花，耐低温。

贝拉安娜

有白色和粉色两种

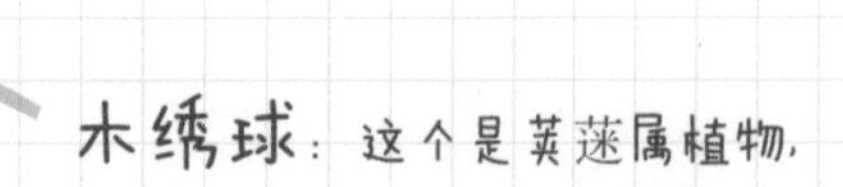

木绣球：这个是荚蒾属植物，常见的一个品种叫**玫瑰**

网购指南

购买时间： 绣球一般购买盆栽苗，建议秋季购买，经过冬季和春季的生长，夏季开花，其次是春季购买。

注意苗情： 购买之前要注意苗情，尤其是秋季购买，叶片可能会有夏季晒伤的痕迹。

注意规格： 看过开花效果图后，要看清卖家所售规格，避免心理落差，常见的有1加仑、2加仑苗。

光照

绣球喜阴喜阳，但是总体在光照好的环境开花更好。

大花绣球和乔木绣球喜散射光，圆锥绣球喜全光，

所有绣球夏季持续高温都要适当遮阳，避免暴晒。

浇水

绣球叶片大，需水量大，但肉质根很容易积水腐烂，所以浇水要注意：

1 春秋生长季，规律浇水，盆土湿润，托盘不能有积水；

2 夏季水分蒸发大，早晚都要各浇一次水；

3 冬季休眠期，需水量少，减少浇水，不干不浇。

施肥

1 绣球对肥料需求很大，几乎一年四季都要施肥，具体一些施肥技巧：

秋季施一次缓释肥（奥绿、魔肥），保证秋冬生长需要。

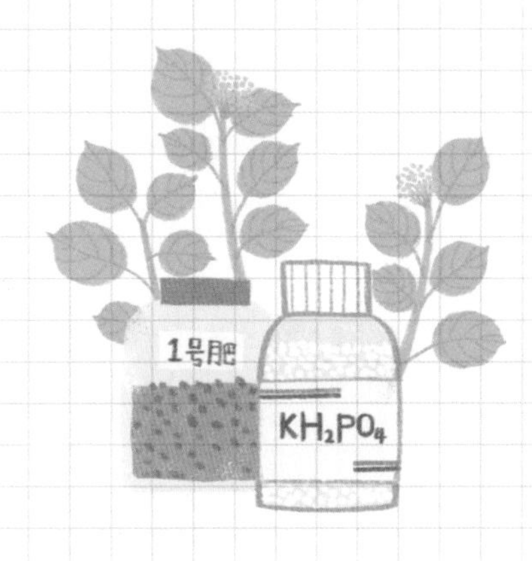

2 春季萌芽后，开始施速效肥。

（花多多1号或美乐棵通用肥）

3 一旦出现花苞，可以使用高磷肥。

（花多多2号或磷酸二氢钾）

过冬

绣球相对耐寒，而且老枝开花的品种，也需要低温孕蕾，一般只要不低于零下10℃，都可以安全过冬，当然，大苗比小苗更耐寒一些。

调色

终于说到调色，这也是养绣球的一个最奇妙的地方，通过一些“小手段”，改变基质的PH值，可以让大花绣球的颜色变幻无穷，技巧：

1 四个大字：酸蓝碱粉，PH值酸性开蓝花，碱性开粉花，中性则可能蓝粉并存。

2 调蓝材料：奥绿调色剂、工业硫酸铝。

3 调色时间：一般从当年秋冬季就开始调色，次年开花效果显著。

4 具体方法：秋冬季，将奥绿调色剂埋入花盆，次年生长季，每15天放入3~5克工业硫酸铝。

Tips 因为自来水含弱碱，所以不调色的大花绣球多开粉色花。

无尽夏的蓝粉两种状态：

修剪

不同品种绣球的修剪不一样，分别介绍一下：

大花绣球

除无尽夏持续开花品种外，是老枝开花，

月之前完成修剪，主要是剪去残花、干枯弱小枝条，

和为保持株型需剪短的枝条，具体修剪方式：

从残花下数第2~3处保留芽点，剪去残花。

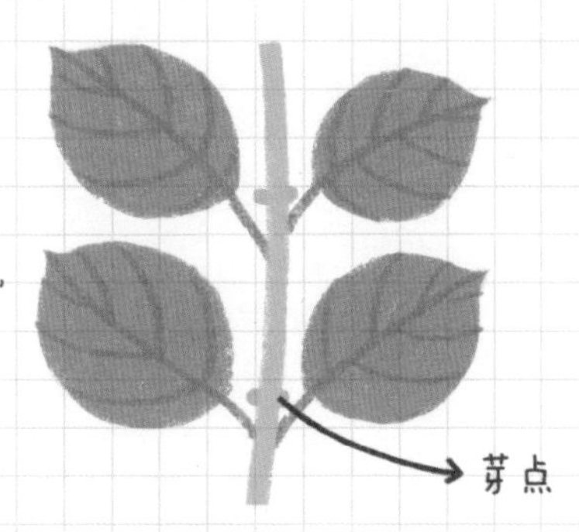

无尽夏、圆锥绣球、乔木绣球

新老枝开花，从花败之后，到次年发芽之前，都可以修剪，具体修剪技巧：

1 无尽夏，轻剪清理残枝保持造型，重剪可以更新枝条。

2 乔木绣球和圆锥绣球，在北方冬季地上枝可能会冻死，户外种植可以进行重剪，一般贴地剪成平茬等来年重新发枝，如果盆栽在室内，或者长江以南，乔木绣球一般不会被冻死，建议留半米高度，清理老化枝、弱枝，回剪等操作。

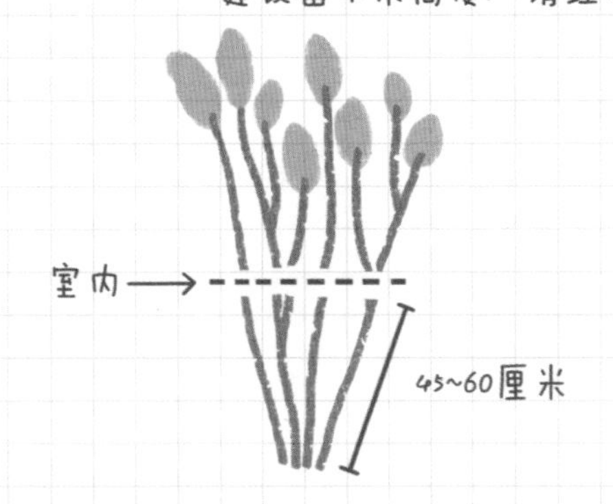

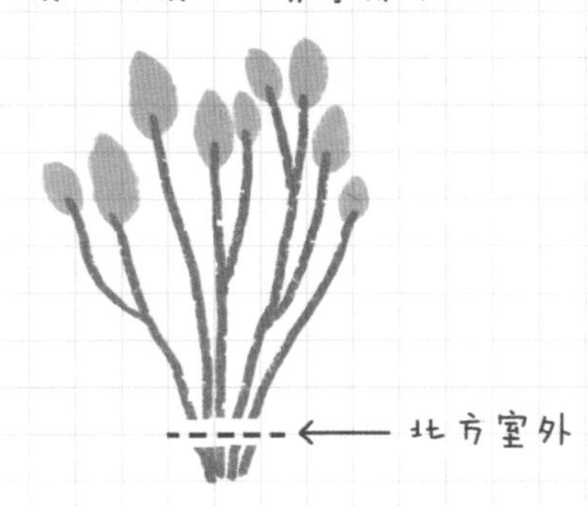

扦插

绣球在生长季，就可以剪掉枝条，进行扦插繁殖，喜欢的小伙伴可以尝试，具体操作：

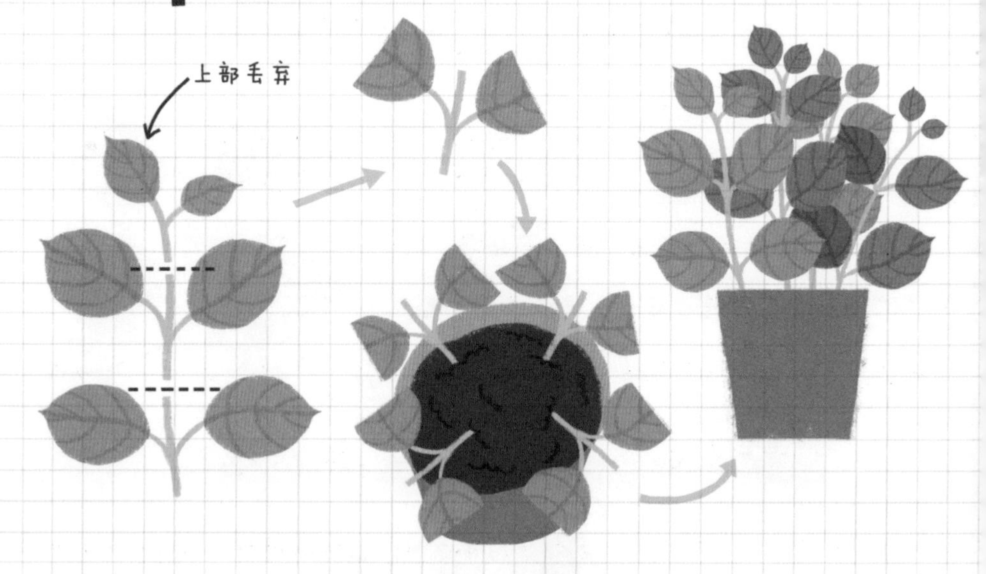

病虫害

1.叶片均匀发黄，一般是缺铁，硫酸亚铁稀释100倍使用

2.叶缘出现褐斑或者斑点，一般是真菌感染，使用阿米妙收。

3.叶片出现缺口、褶皱，纹路，可能是菜青虫、蓟马、红蜘蛛、潜叶蝇等虫害，使用吡虫啉等药剂。

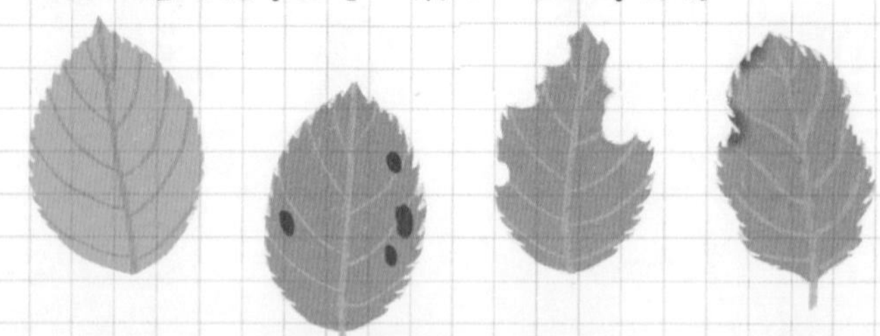

月季
饲养手册

月季还是玫瑰

很多女生在情人节都会收到一束玫瑰花，但从植物学的角度来说，那其实是月季，或者准确来说是杂种香水月季，是中国的香水月季和欧洲的古老蔷薇不断杂交培育出来的品种。

而真正的玫瑰长这样，我们泡的玫瑰花茶、吃的玫瑰饼，美容的玫瑰精油，都来自这朵花。

月季的一些分类

现代月季在植物学上主要分为五类，分别是：杂种茶香月季（HT）、丰花月季（F）、壮花月季（Gr）、微型月季（Min）、藤蔓月季（Cl），不过这对我们平常购买帮助不大，说一些其他分类。

欧月

一般指从欧洲、美国、日本等国家引进的月季品种的统称，区别于国产月季。

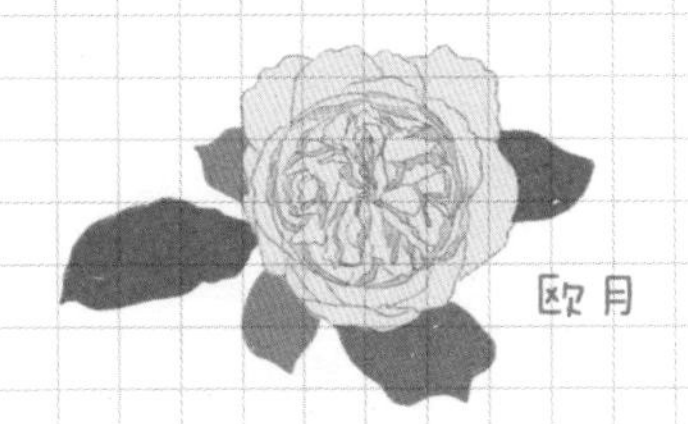

欧月

月季树

奥斯汀月季

指英国人大卫·奥斯汀（David C.H.Austin）所培育的月季品种。

树月季

是把月季枝条嫁接在砧木上，通过修剪、整形等手段，构成一个树冠形状的月季。

切花月季

指比较适合做切花栽培的月季品种的总称，也就是花店常见的"玫瑰"。

品种推荐

月季的品种数不胜数，推荐一些经典品种。

龙沙宝石

藤本月季，经典中的经典，名字取自法国诗人彼埃尔·德·龙沙（Pierre De Ronsard）。如果你只打算养一棵月季，龙沙宝石是不二之选，非常适合花墙。

灌木株型，花朵粉色，适合做切花，直立性强。

瑞典女王

灌木株型，名字十分好听，当然黄色的花朵也非常漂亮。

诗人的妻子

夏洛特女郎

灌木株型，花朵橙红色，有苹果和丁香的味道。

藤冰山

藤本株型，非常适合做拱门造型，花朵白色，重复开花性强。

灌木株型，花苞淡黄色，植株直立，无刺。

安宁

蓝色风暴

日本月季，灌木株型，直立性较强，也叫暗恋的心。

日本月季，灌木株型，2008年日本园艺家河本纯子培育。

路西法

购买须知

购买时间

春季和秋季是最佳购买时间，夏冬两季不建议购买。

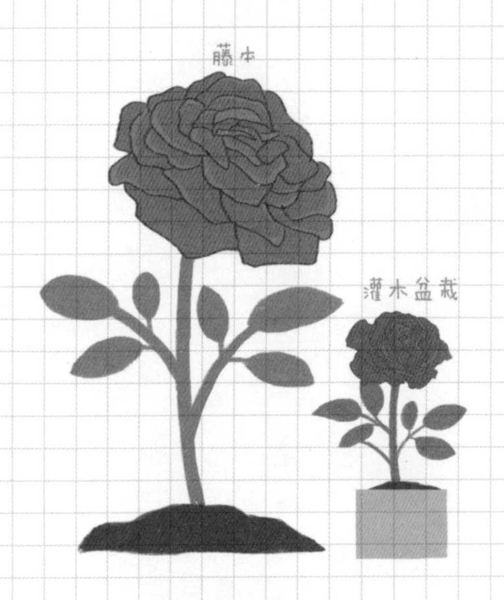

选好品种

根据自身空间环境大小，选择合适品种，有花园尽量选藤本，阳台党选灌木盆栽。

选好规格

不要相信几年苗，要认清花盆的规格大小，不同规格价格差异大，避免上当。

新手须知

如果你之前没有养过月季，建议你先买一棵便宜的回来练手，等经验丰富后再选择名贵品种。

饲养手册

光照 月季喜光，室内和没有光照的环境，不能养月季，最好室外养护，长势好，病害少，夏季高温可以适当遮阳。

浇水 春夏秋正常浇水，冬季月季休眠，少浇甚至停止浇水。

施肥 生长期使用花多多1号通用肥，花期使用磷酸二氢钾肥。

修剪

相对其他植物，月季的修剪工作比较大，主要是花后修剪和冬季修剪。

花后修剪

从花朵往下数，看到饱满芽点后，剪掉残花，一个月之后就会继续开花。

冬季修剪

1.灌木月季重剪，剪去½枝条，剪老枝留新枝。

2.藤本月季轻剪，主要修剪残弱枝、重叠枝。

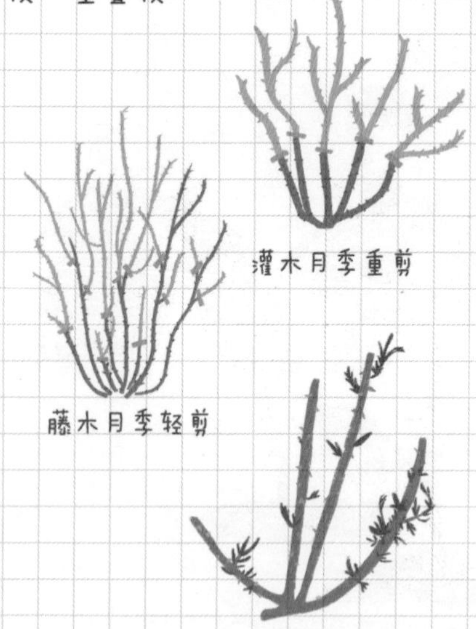

灌木月季重剪

藤本月季轻剪

春季抹芽

春季月季会发出大量新芽，为保证开花质量，需要抹去一部分芽点，分两种情况：

1.芽点密集处，保留最强壮的芽点，其余全部抹掉。

2.同一枝条芽点过多，留3~4个饱满芽点，其余全部抹掉。

病虫害

月季在花园植物里，病虫害相对较多，有“药罐子”之称。

常见的病害有白粉病和黑斑病，尤其是黑斑，随时都会出现。

措施

1. 预防为主，定期修剪黄叶病叶。
2. 定期修剪残弱枝，保证植株通风。
3. 药物预防，定期使用拿敌稳、阿米妙收。

虫害

红蜘蛛——使用哒螨灵。

蚜虫——挂黄板或用吡虫啉。

铁线莲

饲养手册

铁线莲，被誉为“藤本花卉皇后”，不管是花园，还是阳台，都是不可或缺的植物。

大部分园艺铁线莲原产中国，后来被带入欧洲进行杂交，培育出各种园艺品种，也分了很多组，不同组的铁线莲，习性也不一样，简单介绍一下。

分组

常绿组

花期 → 早春，秋花。

品种 → 苹果花、早春知、银币、雀斑、小精灵等。

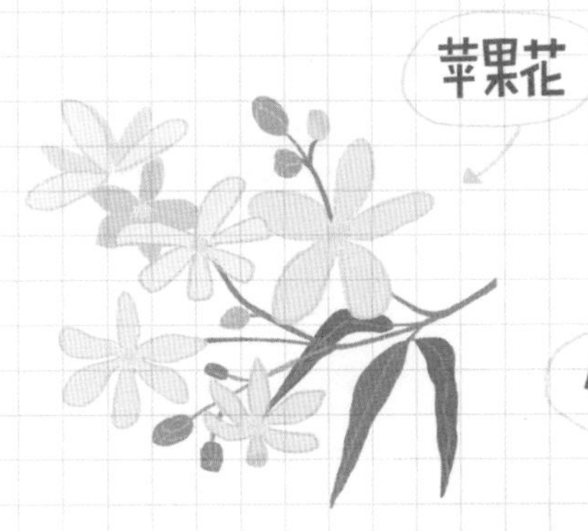

长瓣组

花期 → 早春老枝开花，夏秋新枝有花。

品种 → 粉红玛卡、塞西尔、蓝鸟、粉色秋千、火烈鸟等。

蒙大拿组

花期→ 早春开花，无秋花。

品种→ 布朗之星、粉玫瑰、巨星、绿眼睛、鲁宾斯、杰出等。

早花大花组

花期→ 春季老枝开花，秋季新枝开花。

品种→ 品种非常多，格拉斯迪、格恩西岛、月光、多蓝、繁星等。

晚花大花组

花期→晚春新枝条开放，修剪得当可在夏秋再开。

品种→阿拉那、蓝焰、别致、蓝天使、卡洛琳等。

佛罗里达组
即F系

花期→晚春新枝开花，大部分地区夏季枯叶休眠，秋季新枝开花。

品种→小绿、幻紫、新幻紫、开心果、乌托邦等。

得克萨斯组

花期 → 晚春新枝开花，修剪得当秋季再开。

品种 → 米妮亚、戴安娜王妃、凯特王妃、铃铛铁。

大道矮生组

花期 → 晚春新枝条开放，夏秋新枝条继续开。

品种 → 欧拉拉、巴黎风情、塞尚、皮卡迪、弗勒里、阿比林。

其他还有全缘组、南欧组，就不一一介绍。

网购指南

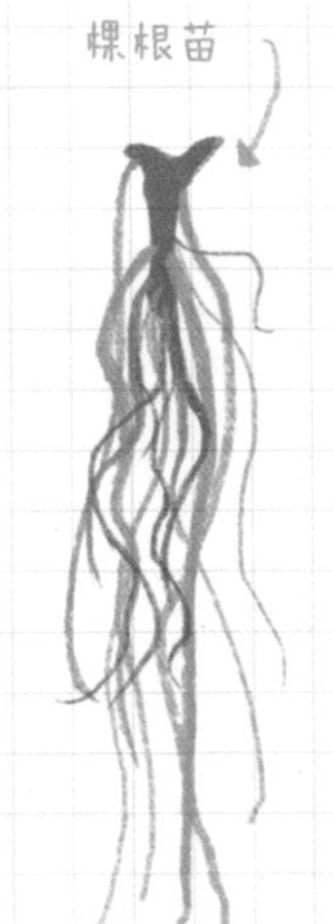

购买时间

除去夏季，其他时间都可购买，需要注意：春秋季，一般购买盆栽苗；冬季，一般购买裸根苗。

品种选择

1 选择适合本地区的品种

北方可以选择耐寒性强的品种，南方可以选择耐热性好的品种。

2 选择适合自己家的品种

铁线莲品种不同，株型大小长势也不同，要根据自家环境，选择合适的品种。

3 选择适合自己的品种

根据自己的养护经验，选择合适的品种，比如新手可以先养三类重剪铁线莲。

苗情规格

铁线莲的苗龄不同，价格也不同，购买之前要看清楚，避免产生心理落差。

靠谱网店

一定要选择靠谱的网店，避免买到假苗。

换盆

换盆前准备

基质 → 肥沃、透气、排水良好的碱性壤土

配土推荐 → 泥炭：椰糠：颗粒土=7：2：1

花盆 → 大苗用大盆、小苗用小盆，推荐青山盆

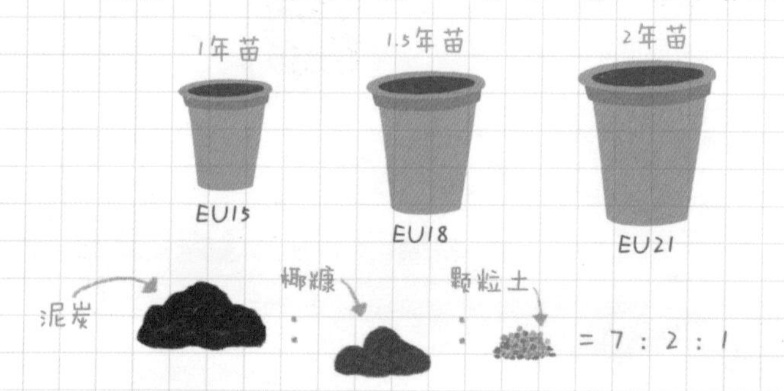

盆栽苗换盆比较简单，这里介绍一下裸根苗换盆：

1.在盆底铺一层颗粒石，然后把基质堆成塔状；

2.将铁线莲根系伞状分开，放入花盆；

3.继续添加基质，完成盖住铁线莲根系；

4.浇透水，放置阴凉处等待生根发芽。

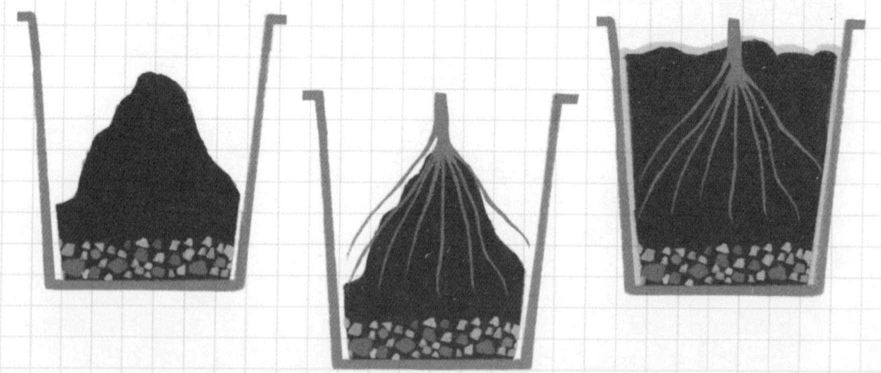

饲养手册

浇水

1.铁线莲是肉质根，基质不能过湿积水，浇水要见干见湿，一次浇透，注意托盘不能积水。

2.春秋生长季，2~3天浇水一次，夏季高温，早晚各浇一次，冬季休眠季，减少浇水，保持盆土干燥。

施肥

春秋生长季：追肥为主，花前使用花多多2号，花后使用花多多1号，每周一次。

秋季换盆时：底肥为主，基质混合缓释肥，并在底部加入适量有机肥。

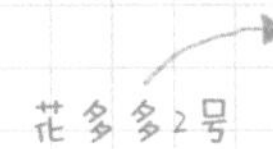

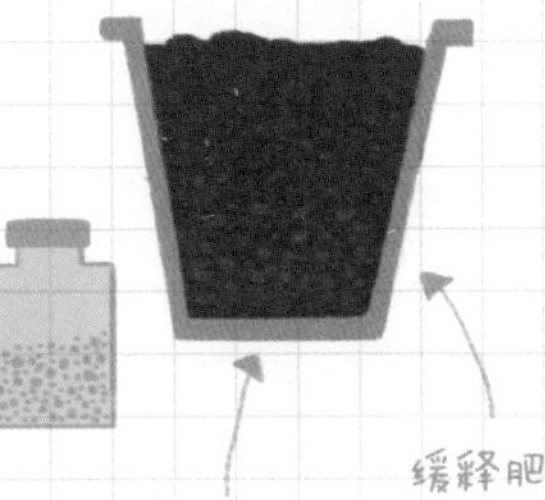

搭架

一般有三种方式

扇型牵引

S型牵引

Z型牵引

度夏越冬

度夏

铁线莲度夏要记住8个字：脚需阴凉，头需阳光。

铁线莲根部需要遮阴，避免高温高热。根以上的枝叶需要阳光，夏季持续高温时，要适当遮阳。

越冬

1 常绿组合佛罗里达组铁线莲不太耐寒，冬季低于-5℃要保护越冬。

2 其他组铁线莲相对耐寒，可耐-20℃低温。

3 小苗相对大苗，耐寒能力差，要注意保护越冬。

修剪

根据冬末春初对铁线莲的不同修剪方式，可以将铁线莲分为三类：

类型	修剪方式	组别
一类铁线蕨	不剪	常绿组、长瓣组、蒙大拿组（山地组）、卷须铁线莲
二类铁线莲	轻剪	早花大花组
三类铁线莲	强剪	晚花大花组、南欧组、得克萨斯组、全缘组、大道矮生组

Tips

佛罗里达组（F系）比较特殊，任意修剪，可根据地盘和花架大小，决定修剪方式。

铁线莲的修剪主要分两种：花后修剪和冬季修剪，简单列一下：

类型	花后修剪	冬季修剪
一类铁线莲	剪去残花和病弱残枝	剪去残花，小幅修剪整型
二类铁线莲	花后剪去残花，7月底剪去开过花的节枝，秋季会二次开花	剪去残花、病弱枝条，剪到第一个饱满芽点即可
三类铁线莲	同二类	留3~7个饱满芽点，其余全部剪掉

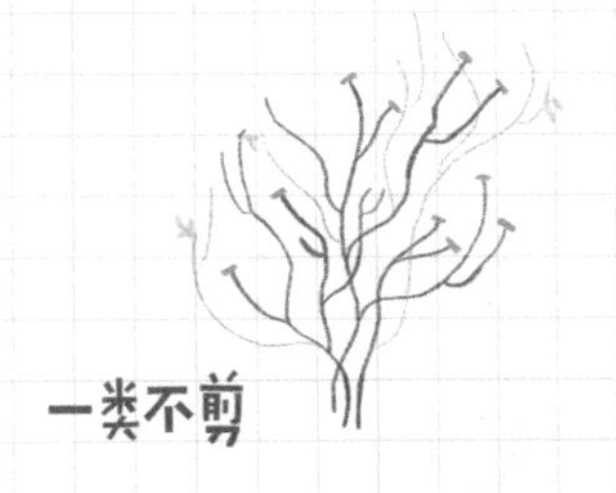

一类不剪

二类轻剪

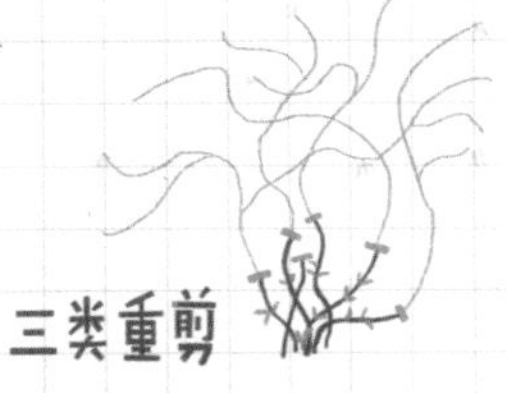

三类重剪

Tips

以上修剪只是综述，具体品种建议了解详细后再修剪。

病虫害

虫害

潜叶蝇：叶片出现白色蛇形痕迹。

用药：潜克灭蝇胺 75% 可湿性粉剂，兑水比例：1：3000

灭蝇胺 × 水 = 1:3000

病害

白绢病：土传病害，一旦发生，整盆毛掉。预防为主：

1. 上盆、换盆选择干净基质；
2. 生长期，用杀菌剂灌根预防，每月一次，

杀菌剂选用：巴斯夫凯津、酷斯特、国光根部病害等。

枯萎病：大量近亲繁殖导致的基因疾病，基本上属于绝症，预防为主。如果发生枯萎，尽快把枝条剪掉。

茑萝饲养手册

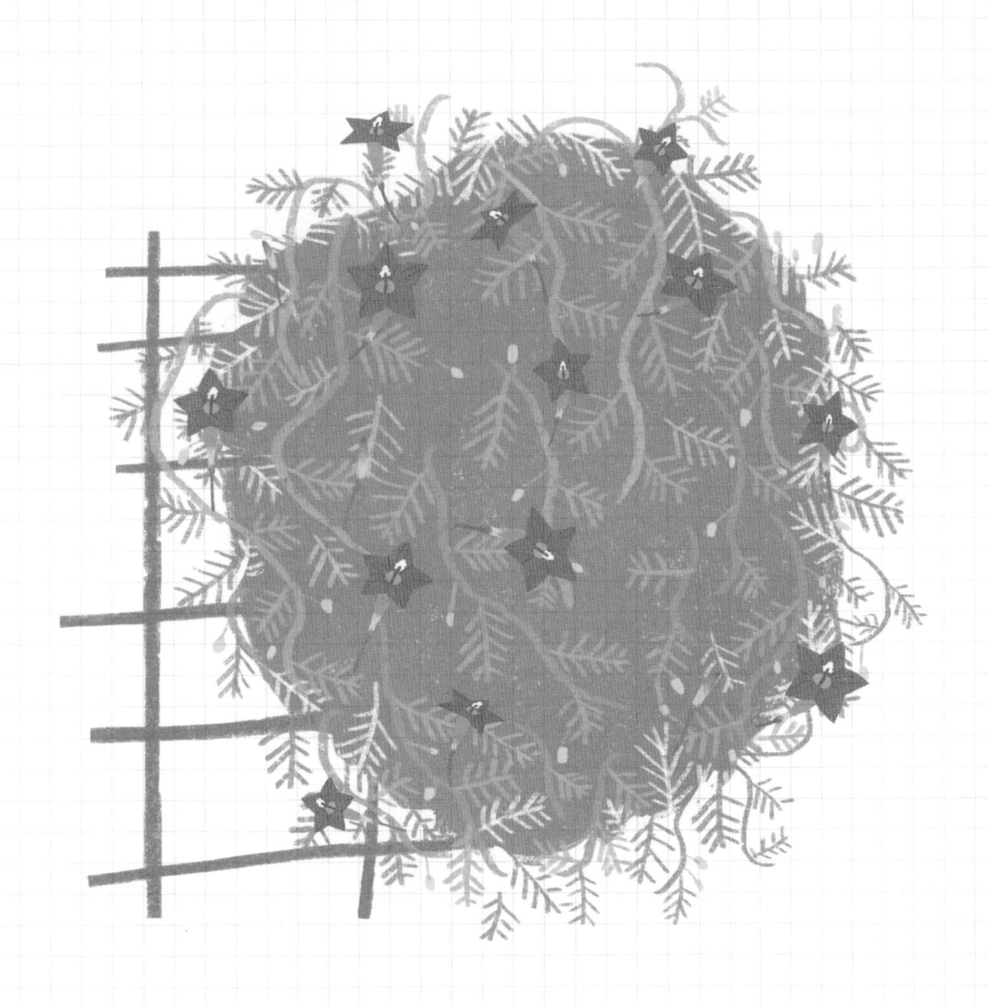

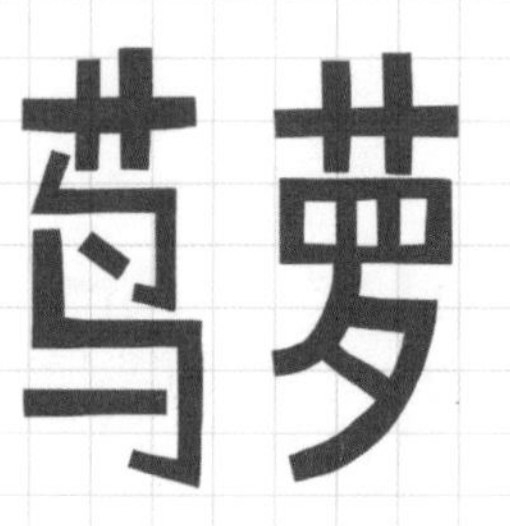

中国植物志里叫茑萝松，一般简称茑萝，原产美洲，名字取自诗经的“茑与女萝，施于松柏”，其实和菟丝子和松萝柔弱藤本一样，需要缠绕在其他物品上生长。

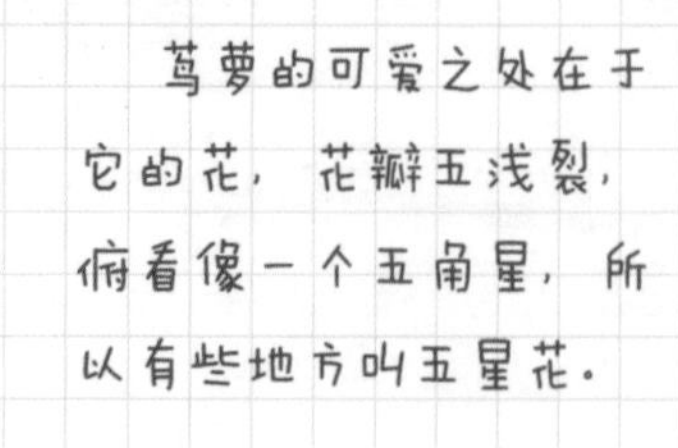
茑萝的可爱之处在于它的花，花瓣五浅裂，俯看像一个五角星，所以有些地方叫五星花。

除了常见的红花茑萝，
还有另外两种不太常见
的白花和粉花。

当然，花瓣有时候
也变异成四浅裂。

茑萝的叶子也非常特别，
羽状深裂，就像一根根羽
毛一样，所以有人也把茑
萝叫羽叶茑萝。

圆叶茑萝

圆叶茑萝的叶和牵牛花比较像，卵形。
花色也有三种：红色、黄色和橙红。

槭叶茑萝

槭叶茑萝是茑萝和圆叶茑萝的杂交种，叶片掌状深裂，花红色。

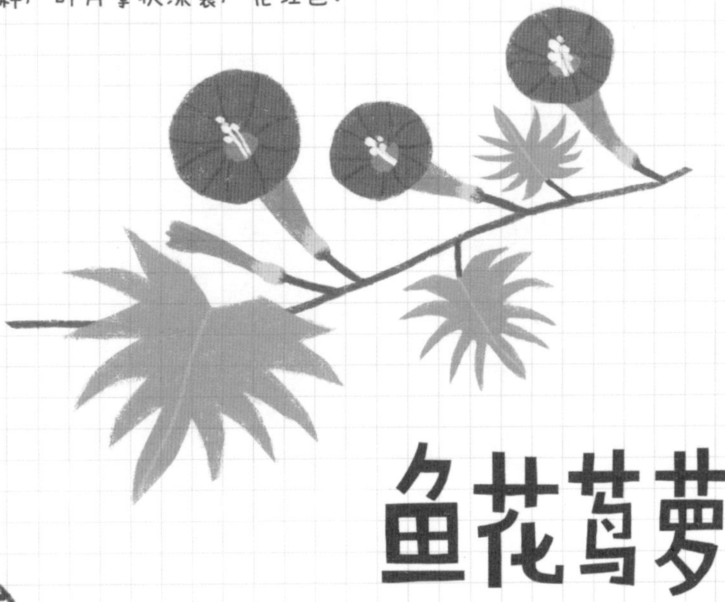

鱼花茑萝

另外还有一种叫鱼花茑萝的植物，这个国外叫：Mina lobata、Ipomoea lobata，因为颜色，也叫Spanish flag（西班牙国旗）。

播种

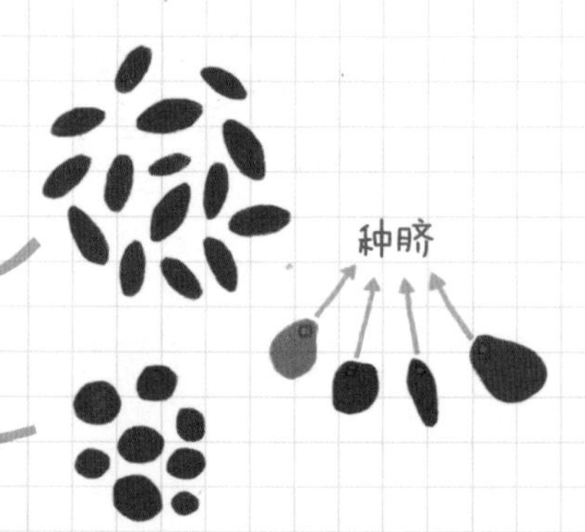

茑萝种子在网上很容易可以买到，很像老鼠屎。

茑萝的种子细长，槭叶茑萝和圆叶茑萝的种子更圆一些。

播种时间： 春播4~5月，温度在15~25℃左右，不要着急，温度太低容易腐烂不发芽，温度高发芽快。

花盆选择： 建议直径20厘米的花盆，种3~5棵。

种子处理： 茑萝种子种皮较厚，为了提高发芽率，可以剪掉种脐用纸巾催芽之后，再进行播种。

播种步骤：

1. 将花盆装八成营养土，
2. 将种子均匀撒在花盆里，
3. 覆土2~3厘米，轻轻压实，
4. 浇透水，放在明亮处，等待发芽。

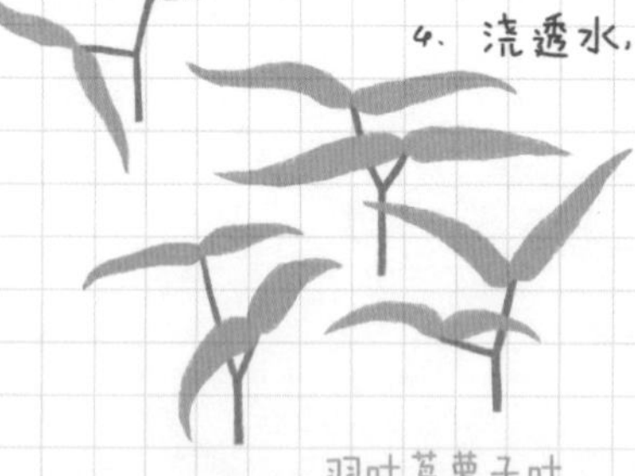

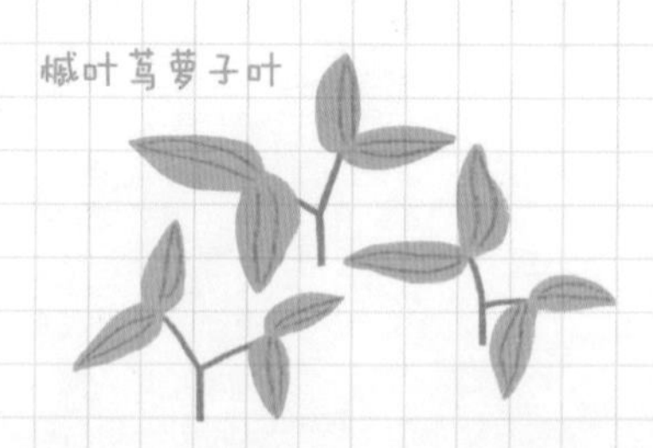

槭叶茑萝子叶

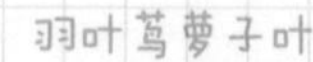

羽叶茑萝子叶

搭架

茑萝长出真叶之后，就要开始搭爬藤架，可以用竹竿搭架，也可以用铁丝网，甚至用绳子牵引也行，只要能让茑萝往上爬就行。

几种搭架方式：

1. 竹竿架

2. 护栏或者铁丝网

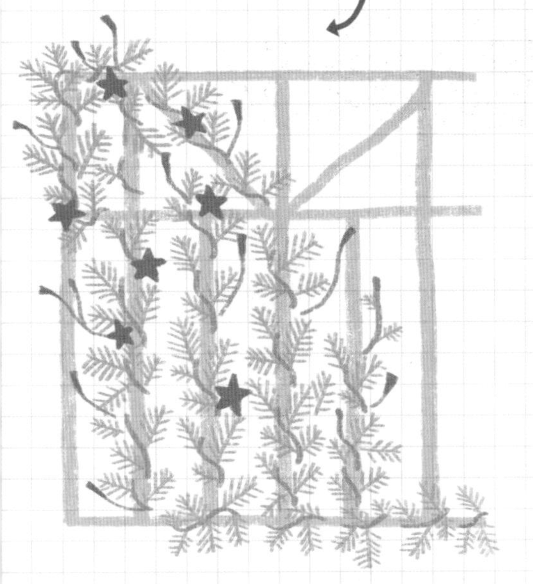

需要提醒的是，茑萝的爬藤能力特别强，如果空间够大，可以爬10米，如果空间较小，那就要经常打顶修剪，控制高度。

养护

光照： 茑萝喜欢全日照环境，发芽之后，就要逐渐接受光照，否则会开始徒长。

浇水： 茑萝小苗期保持见干见湿，花期对水分需求大，缺水容易发蔫，早晚各浇一次水。

施肥： 茑萝耐贫瘠，不施肥也可以开花，不过盆栽还是建议使用花多多液肥。

Tips

夏季高温，盆栽茑萝很容易晒蔫，要注意遮阳，或者勤浇水。

茑萝病害

茑萝病害一般是白粉病，室内阳台容易得病，室外会有蚜虫的困扰，建议常备一些杀菌杀虫剂，定期打药。

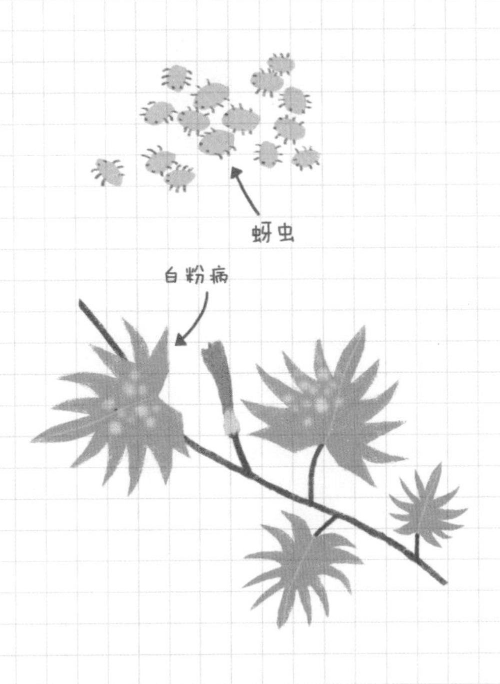

花期和种子

茑萝花期很长，可以从5月开到10月，每朵花早晨开放，中午凋谢。

如果你不收种子，可以将残花剪掉，避免消耗过多营养。

如果你要留种，可以等到蒴果表皮变成黄褐色之后，采收种子。

牵牛饲养手册

一提起牵牛，就会想起童年的夏天，门前午后，路边田野，到处都是牵牛花。如今在城市里，牵牛花反而不常见，估计还没有长大，就被当成杂草除掉了。去年我在天台养了一些牵牛，找回了一点童年乐趣。

如果你也想在阳台养牵牛，
收好这份《牵牛饲养手册》

如果仔细观察，我们会发现牵牛的叶子好像不太一样，

牵牛花的颜色也有很多种，总体上我们常见的牵牛有三种：

叶基本上是圆心形，

花色多为紫色、红粉色、白色。

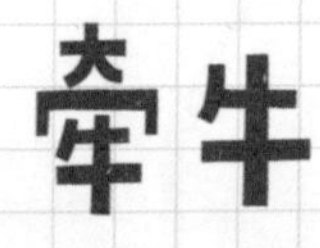

叶卵形，多三裂，

花色多为蓝色和粉色

变色牵牛

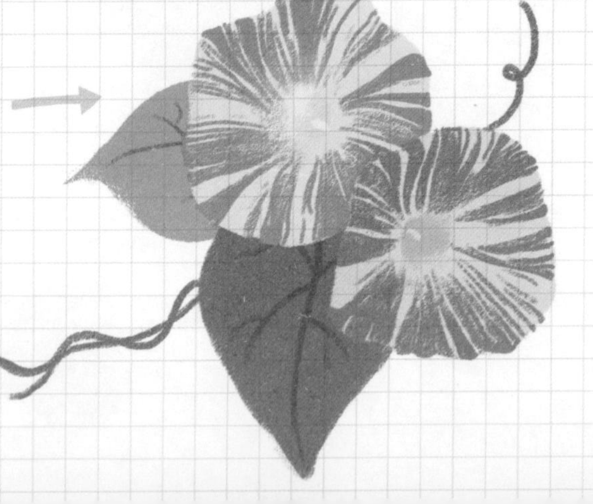

和牵牛很像，

但是花冠会变色。

朝颜

在日本，把牵牛叫朝颜，意思是“早晨的容颜”，主要是因为牵牛的花一般在早晨开放，中午就会凋谢。日本人对朝颜非常痴迷，一直不断培育新品种，每年都会举行“朝颜祭”。同样，朝颜也分很多种，我在这里简单介绍一下。

日本朝颜分几大类：

大轮朝颜

栽培最广泛的系列，耐热性好，花冠硕大，直径在10~15厘米，花色品种繁多。

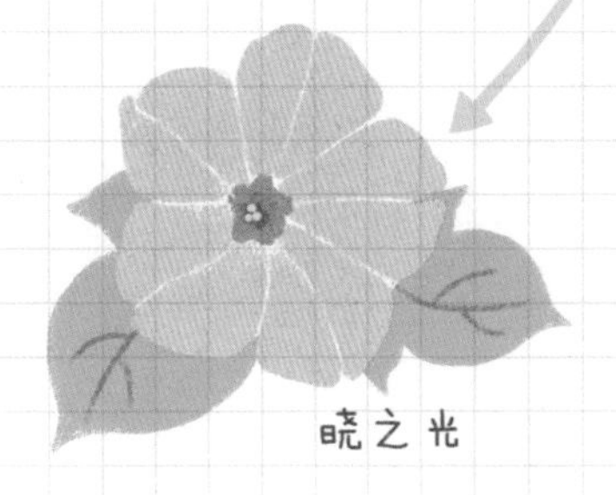

晓之光

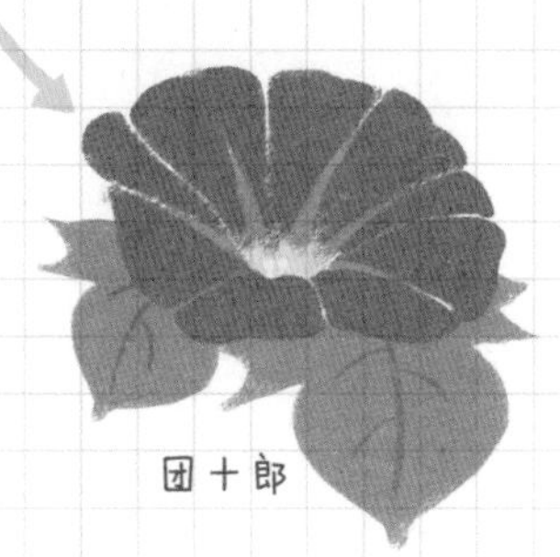

团十郎

曜白朝颜

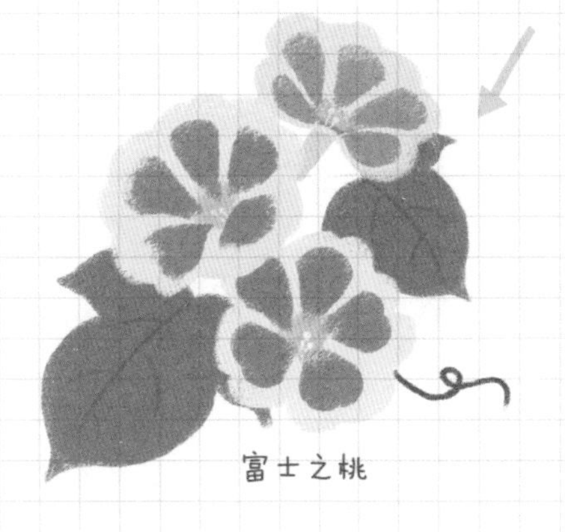

富士之桃

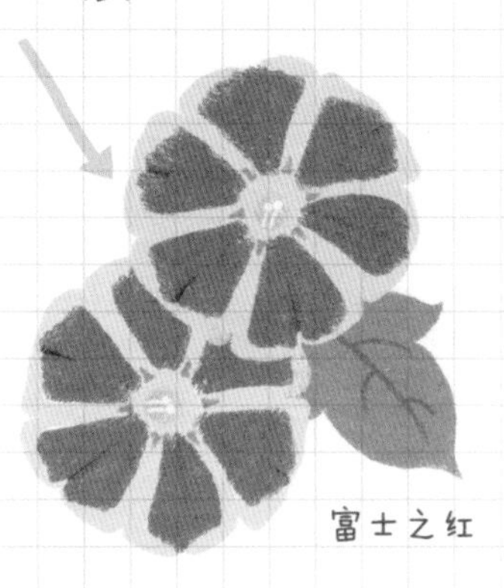

富士之红

肥后朝颜

原产于日本古代肥后国，栽培方式也比较有特色，这个系列国内能买到的品种很少。

变化朝颜

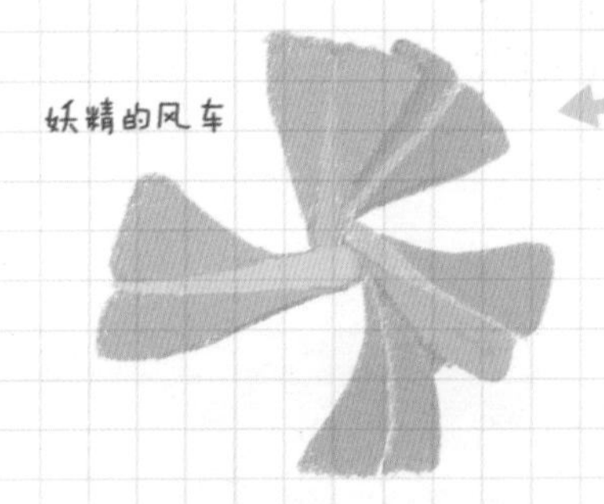
妖精的风车

朝颜的突变品种，叶片和花型都发生了变异，尤其是花型，妖精的风车变化非常大。

除了日本朝颜，还有圆叶的**西洋朝颜**品种也很多。

克拉克天堂蓝

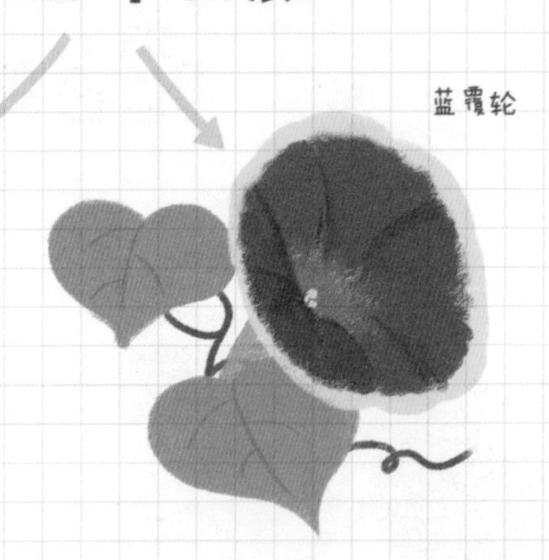
蓝霞轮

购买指南

朝颜结实率低，相比牵牛，价格要高，
购买时要注意，不要贪便宜。

朝颜的种子会退化，尽量购买一代种子，
或者问清卖家是进口还是自收。

总体来说，花朵越大的朝颜，种子也越
大约饱满。

播种

1 播种时间

春播，当地气温在20℃左右，

温度过低过高容易腐烂。

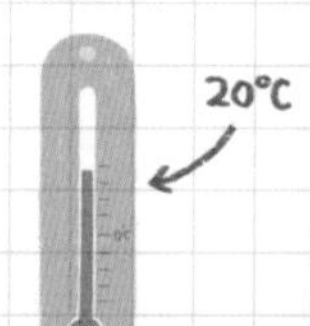

2 基质选择

疏松透气的营养土+有机肥。

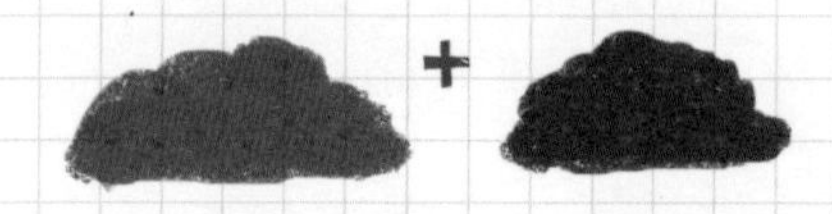

3 种子处理

剪破种脐，浸水5小时左右，

时间过长易腐烂；

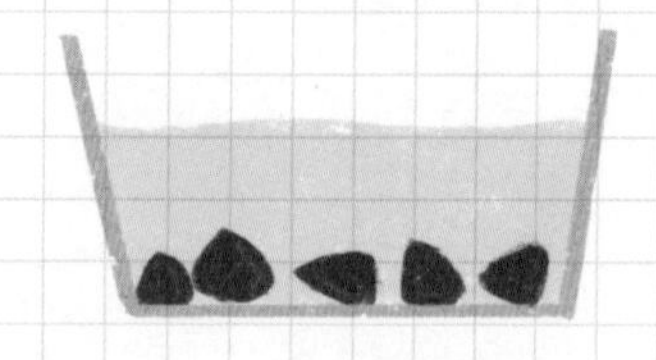

4 播种步骤

1.朝颜不耐移栽，

建议直接定植在花盆中，

2.覆土1~2厘米，浇透水，

一周左右发芽。

3.发芽之后，可以

放置明亮处。

养护管理

1搭架

朝颜长出几片真叶后，要开始为搭架做准备，让朝颜继续缠绕往上生长，可以用竹竿、铁丝网，麻绳等材料。

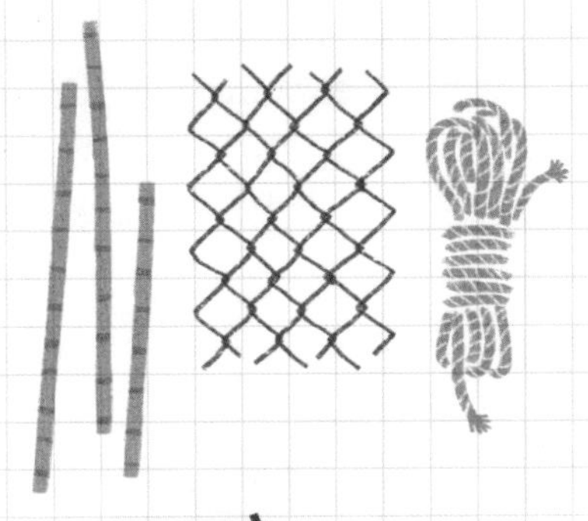

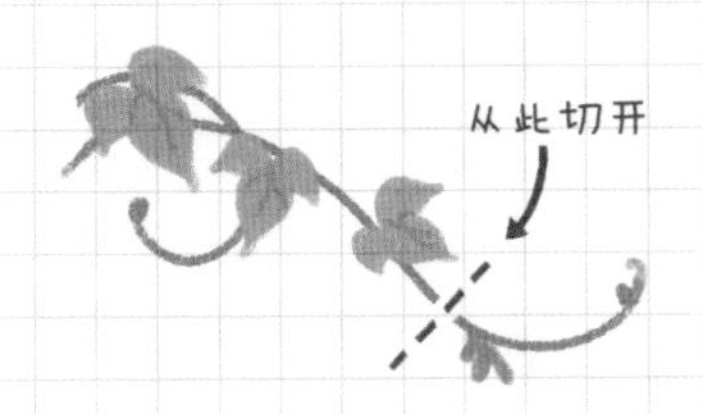

2摘心

阳台空间不足的小伙伴，可以通过摘心，促发侧枝，控制高度。

3浇水

生长期把握“不干不浇，一次浇透”原则，夏季花期早晚各浇一次。

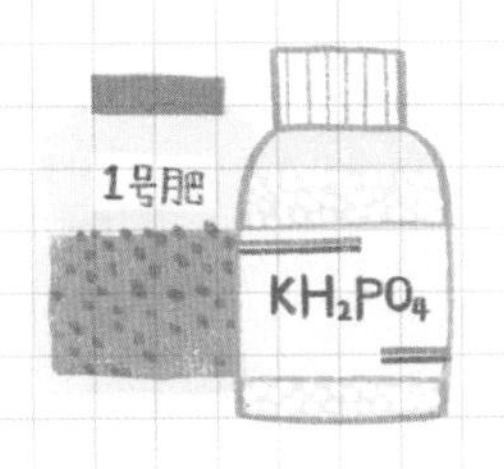

4施肥

生长期施用花多多1号液肥，花期施用磷酸二氢钾。

常见问题

小苗茎叶细长：

光照不足导致，尽快接受充足光照。

不开花、花量少：

营养不够，补充磷酸二氢钾肥。

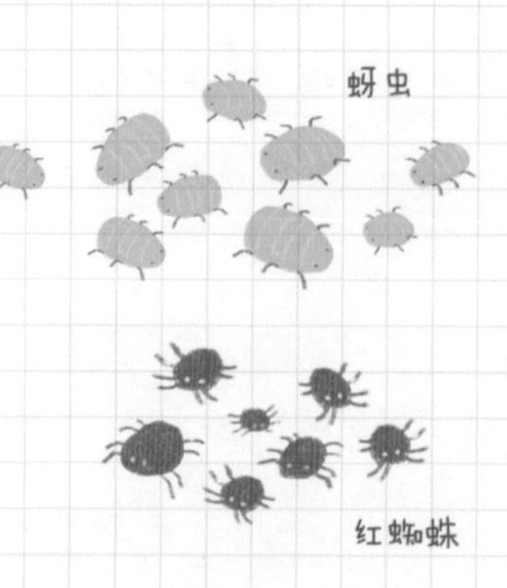

蚜虫、红蜘蛛虫害：

吡虫啉和阿维菌素配合使用。

秋播植物篇

秋播植物
— 饲养手册 —

秋播植物

9月，是秋播的大好时机。

对于园艺新手，面临三大问题：

种什么植物？什么时候种？怎么种？

不用急，收好这篇《秋播植物饲养手册》就够了。

Tips：为什么要秋播？

因为很多植物在生长期，

需要经历一段低温条件（冬天气温低），

才能促进花芽分化，第二年春天才能顺利开花。

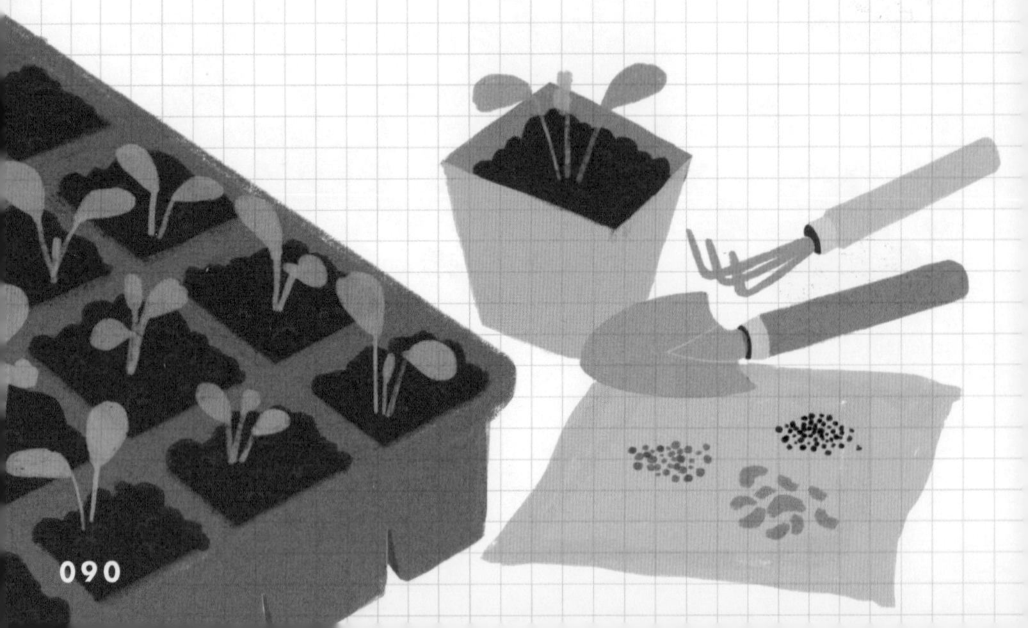

秋播种什么？

二年生植物

秋天种，第二年开花，以草本植物为主，比如：矮牵牛、角堇、满天星等。

矮牵牛

球根植物

靠地下变态根、茎繁殖的多年生植物，有鳞茎、球茎、根茎、块茎、块根多种分类，占秋播植物一大半。比如：酢浆草、百合、郁金香、洋水仙、风信子、朱顶红、香雪兰等。

多肉植物

没错，多肉植物也适合在秋天播种或者扦插繁殖。

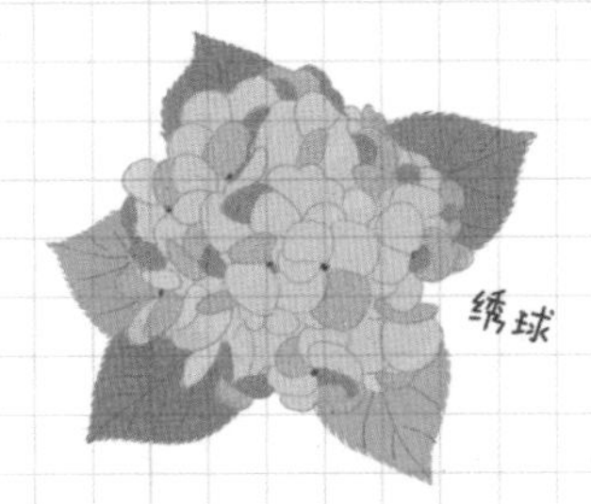

其他多年生植物

毕竟秋天温度适宜，
只要是多年生植物，都适合入手，
比如月季、绣球、铁线莲。

秋播时间

种子植物

严格来说，没有具体的时间点，从9月初到12月底，都有合适的植物可以播种。

一般情况下，种子播种的植物，在当地最高温度稳定在25℃左右就可以播种。

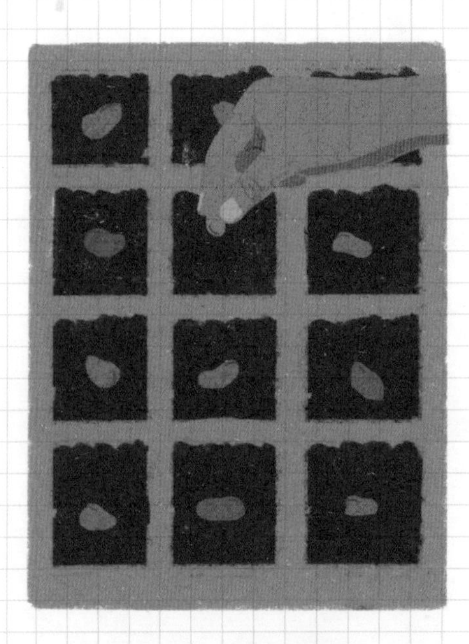

球根植物

球根类植物，种植时间宜晚不宜早，一般在11月开始播种，有些植物甚至1月种下，春天也会开花。

最好的办法是，根据当地气温，和你要种的植物，来确定最佳种植时间。

10种适合新手的秋播植物

11月
播种
番红花
香雪兰
洋水仙
郁金香
风信子

温度

虽然秋播植物习性各不相同，

但还是有一些通用的注意事项：

播种温度

种子播种适宜温度在15℃~25℃，

温度过低过高，都会影响发芽率。

球根类植物则适合在5℃~15℃，

温度太高，球根容易腐烂。

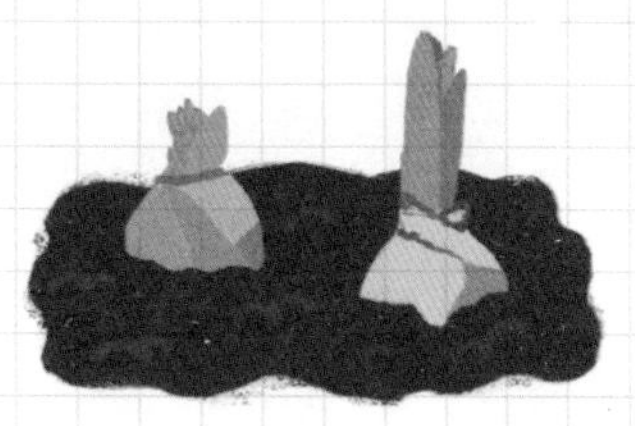

过冬温度

秋播植物的过冬温度也不太一样，

一般来说，二年生草本植物在5℃以

上可以安全过冬，球根类植物相对

更耐寒，比如郁金香、风信子。

光照和浇水

1 秋播植物总体上都是喜阳植物。

2 二年生草本植物在小苗期间，要逐渐增加光照，小心灼伤。

3 生长期要充分接受光照，多晒太阳，避免徒长。

浇水

秋冬水分蒸发慢，因此秋播植物浇水不要过于频繁，尤其是球根类植物，自身含有大量水分，浇水过多，很容易导致烂根。

施肥和收球

1 秋播植物，在生长期也要勤施薄肥，

建议配合每次浇水，施用花多多液肥。

2 在开花前，可以适当施用一些磷肥。

3 球根类植物，花期甚至花败之后，

也要继续施肥一段时间，让球根充分生长。

收球

地栽球根类植物，夏天可以不用收球，

盆栽球根类植物，建议夏天收球，

放在阴凉处储存，等待下次秋播。

矮牵牛
-饲养手册-

秋播植物 Top1：

矮牵牛

品种多！

花期长！

病虫害少！

最适合新手秋播。

矮牵牛，**茄科**多年生植物，园艺一般当作二年生植物来栽培观赏。

花期：4~9月

我不是长得矮的牵牛花，而是茄科植物。

秋播时间

当地温度稳定在18℃~25℃，就可以播种，北方一般在9月中旬，南方在9月下旬。

矮牵牛按照株型分为**垂吊**和**直立**品种，在园艺上有很多系列，常见的有：

锦浪系列

花球品种，花较小，也容易养成花球，花比较耐雨淋。

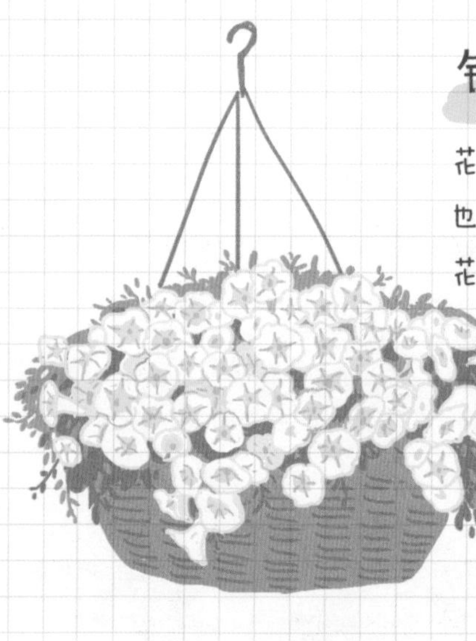

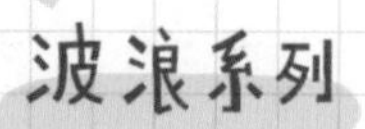

波浪系列

垂吊为主，花瀑布首选，花很耐雨淋。

潮波系列

花篱型，蔓延能力强，一盆就能铺满阳台，不过花色较少。

轻浪系列

我很怕雨淋

垂吊矮牵牛，花球品种，很容易养成大花球，颜色好看。

大地系列

有十分好看的脉纹，花朵大，盆栽习性好。

海市蜃楼系列

直立矮牵牛，具有大花和多花的优点，花色全，带脉纹。

梦幻系列

直立矮牵牛，花色全，分枝紧凑，极耐灰霉病，缺点是花朵不耐雨淋。

二重唱、双瀑布系列

这两个是重瓣矮牵牛，花色也很多。

美声系列

垂吊矮牵牛，日本培育，在国内适应性好，推荐冰淡紫、冰淡粉、粉红晨光。

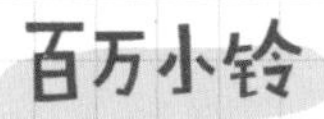

百万小铃

又叫小花矮牵牛，叶子和花都很小，花多且密，像是挂了100万个小铃铛。

播种前准备

1 买种子

为播种方便，请购买丸化种子。

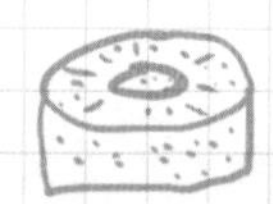

育苗块，泡水可膨胀

+

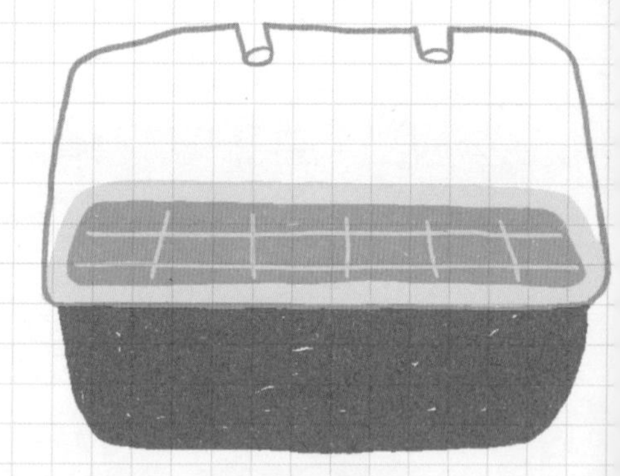

育苗盆

2 买育苗块、育苗盒

播种推荐育苗块，可以搭配育苗盒使用，提高发芽率。

3 配土

推荐搭配：

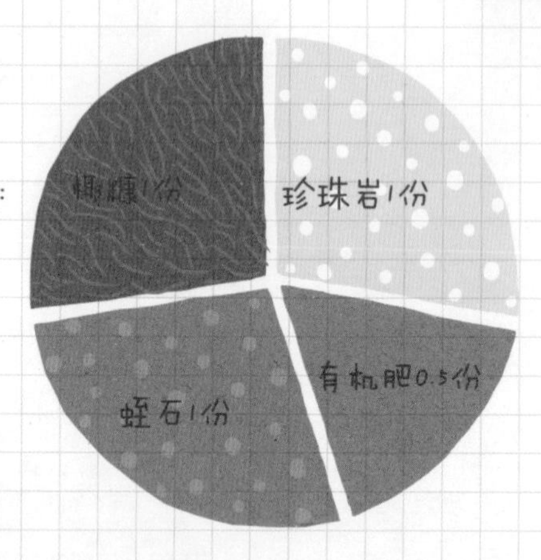

矮牵牛喜肥，配土要加入有机肥或奥绿缓释肥。

4 买盆

矮牵牛生长后期株型较大，建议选择口径25厘米以上的花盆。

播种步骤

1 将育苗块放入育苗盒，倒水泡开，泡发的育苗块能膨胀到原来的6倍；

2 每个育苗块表面放1粒种子，不用覆土；

3 盖上育苗盒，放置阴凉通风处；

4 育苗块出现发白，需要适当加水；

5 发芽后，将育苗盒放置明亮处；

6 当矮牵牛长出3~4片真叶，需要假植。

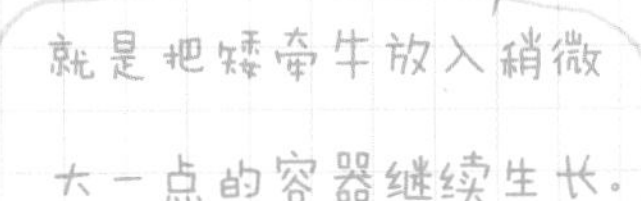

定植

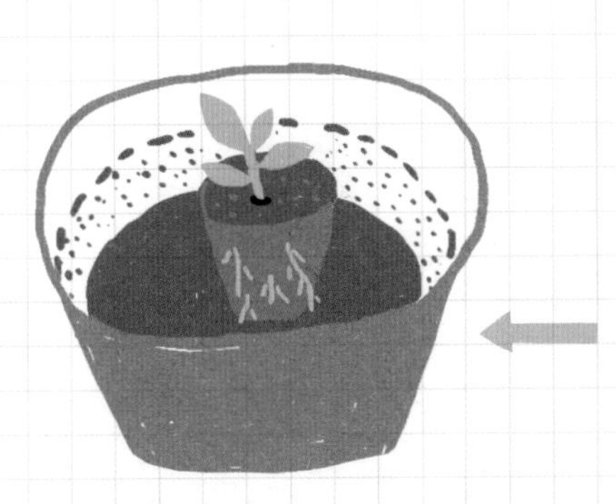

1.往花盆装1/3配好的土；

2.将矮牵牛脱盆带土放入花盆；

3.填满土，浇透水，放置阴凉处2~3天缓苗，然后再充分接受光照，正常浇水。

光照

矮牵牛喜光，生长期要多晒太阳，光照不足会徒长，要结合打顶进行修剪。

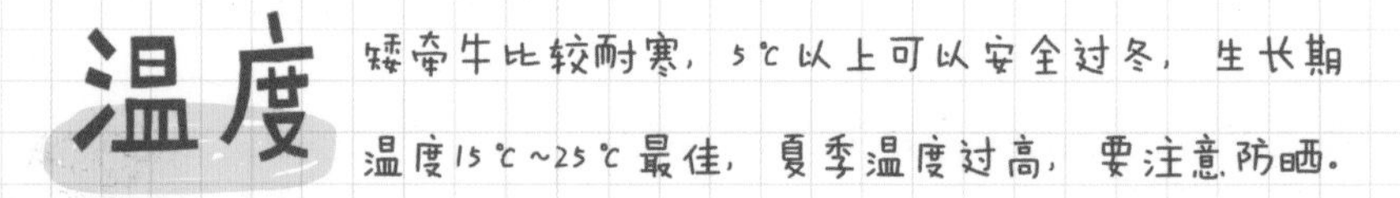

温度

矮牵牛比较耐寒，5℃以上可以安全过冬，生长期温度15℃~25℃最佳，夏季温度过高，要注意防晒。

浇水

秋冬生长季：不干不浇，一次浇透，最好中午浇水，

春夏花期：水分需求大，建议早晚多观察基质，及时补水。

TiPS：

不耐雨淋的矮牵牛，夏季多雨，要避免雨淋。

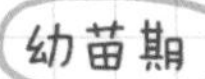

生长期

花多多1号1毫升：水3000毫升
一周1次

开花期

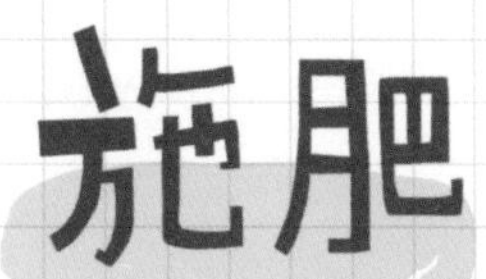

花多多1号1毫升：水1000毫升，
1周1~2次

TIPS:

发芽前不施肥；

如果枝条徒长，建议施用磷酸二氢钾，（1毫升：1000毫升）；

建议每半个月施用花多多36号，补充微量元素。

花多多2号1毫升：水1000毫升
5天1次

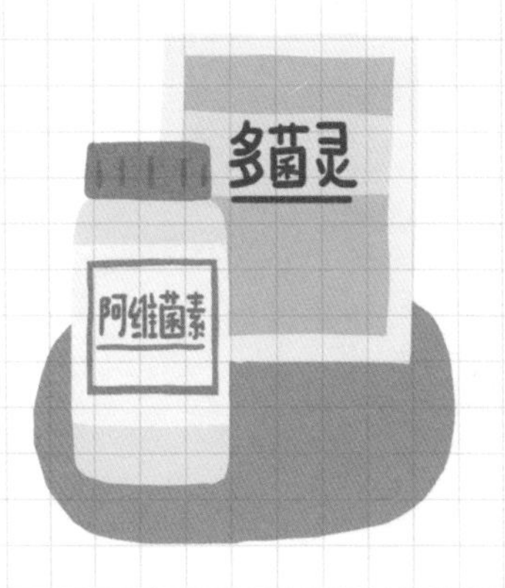

病虫害

矮牵牛病虫害较少，常备多菌灵和阿维菌素，

每周打药一次，预防为主。

矮牵牛如何爆盆？

秘诀只有两个字：打顶

具体操作：

1 矮牵牛小苗长到三层分枝，就可以开始打顶。

2 掐掉顶端枝叶，促发侧芽分枝，分枝多，开花多。

3 分枝长大之后，留3~4片叶，可以继续打顶。

4 一般生长期打顶3~4次左右。

5 疏叶：

打顶要结合疏叶，剪掉遮挡新芽的叶片，促发新枝。

6 开花过后，要及时剪掉残花和过长的枝条，促发二次开花。

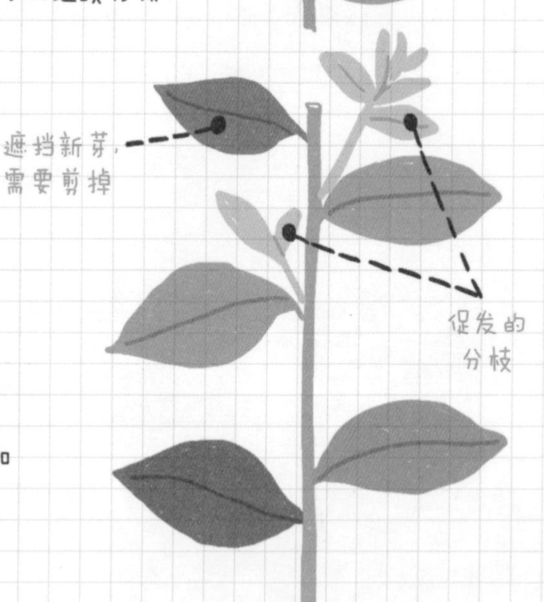

风信子

饲养手册

介绍

风信子种植时间

秋季，主要看当地气温，连续高温在15℃左右，就可以开始。

风信子——不能吃的洋葱

秋天找个玻璃瓶，装满清水，放一颗风信子，摆在阳台，早春就会开出浓香好看的花朵。

品种

人们很早就开始观赏风信子，原来只有蓝色品种，

后来在欧洲培育出各种颜色的品种，

有白色系、黄色系、蓝色系等。先推荐我喜欢的四种：

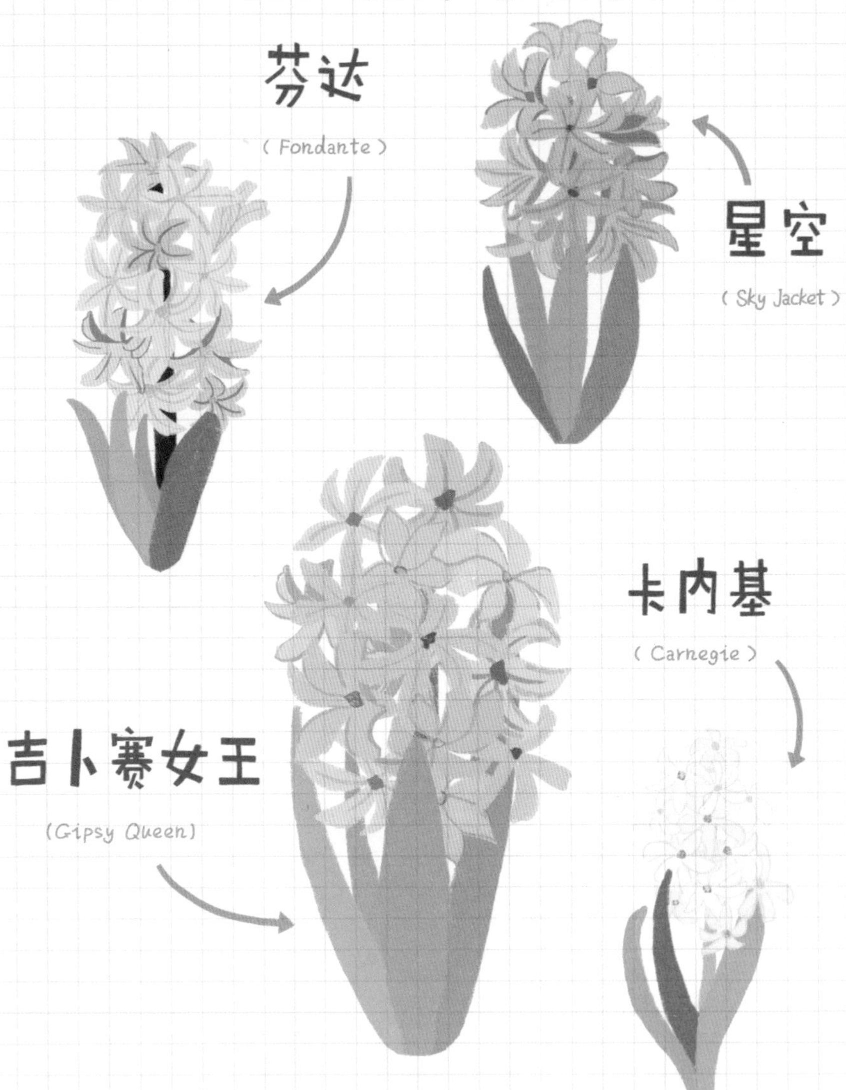

葡萄风信子

葡萄风信子，因花朵像一串葡萄而得名，

虽然和风信子不是一个科，但是经常和风信子一起出现。

品种和颜色也很多，葡萄风信子一般地栽和盆栽，密植效果最佳。

我最喜欢的三种是：

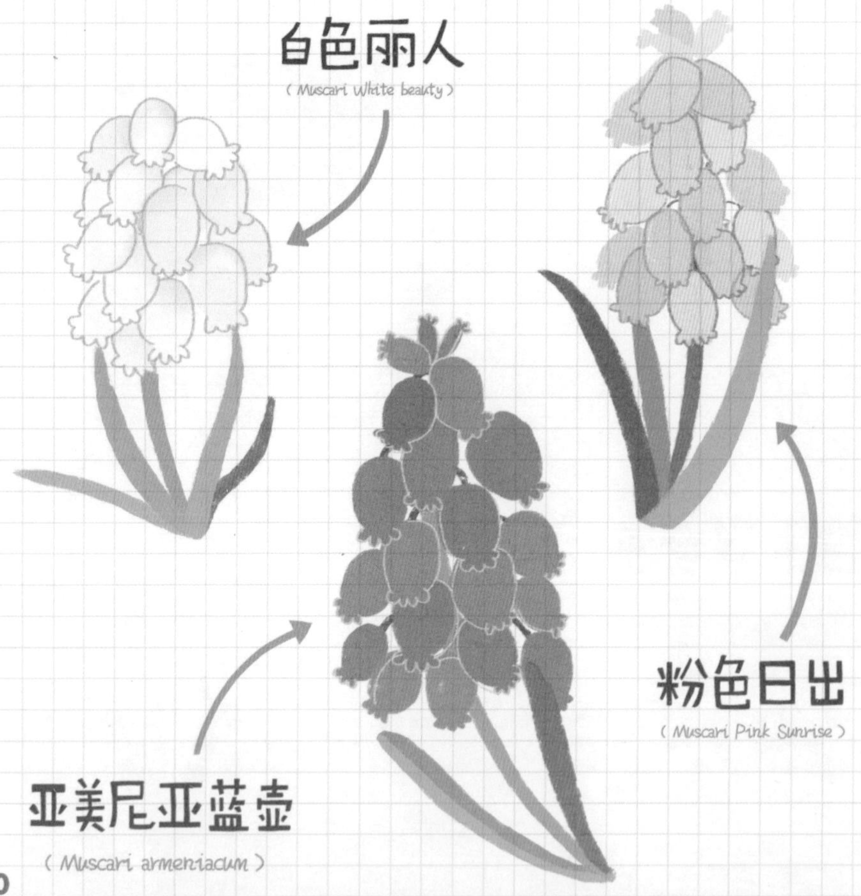

网购指南

尽量避免被差评的卖家
（如宿迁的某些卖家）。

1 选择信誉度和动态评价高的卖家。

2 注意风信子种球周长，一般在17~18厘米，
种球太小当年不会开花。

3 风信子都有相对统一的商品名，
名字奇怪不要买。

Tips：风信子都是进口球，
长途运输会有一些霉菌，
收到种球，需要简单处理
（避免过敏请戴手套操作）

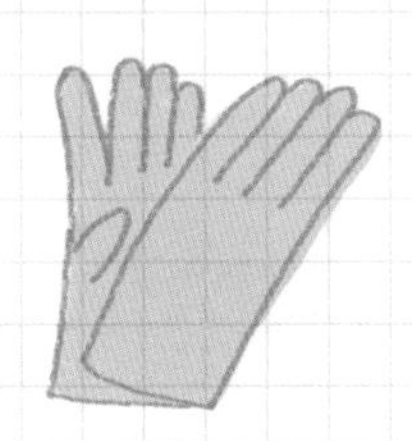

剥皮：剥掉最外面的老皮就行，侧芽也要剥掉。

盘根：用小刀轻轻刮掉底部老根、死根。

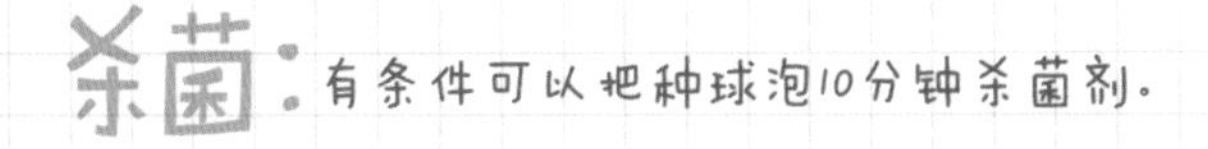

杀菌：有条件可以把种球泡10分钟杀菌剂。

种植指南

水培→风信子

1 将准备好的水培瓶倒入清水，将瓶口擦干。

2 将种球放入瓶口，种球底部距离水面1~2厘米。

3 用报纸或黑色袋子罩住瓶身，等待生根。

4 生根后，可以放在阳台等到发芽。

土培→风信子

1 准备口径10厘米，高15厘米的花盆。

2 准备疏松透气的营养土1份，缓释肥3克。

3 将花盆装满1/3土，加入缓释肥，继续装土到2/3。

4 放入种球，继续装土，覆盖种球2/3，留一个小头。

5 浇透水，放置阴凉处等待生根发芽。

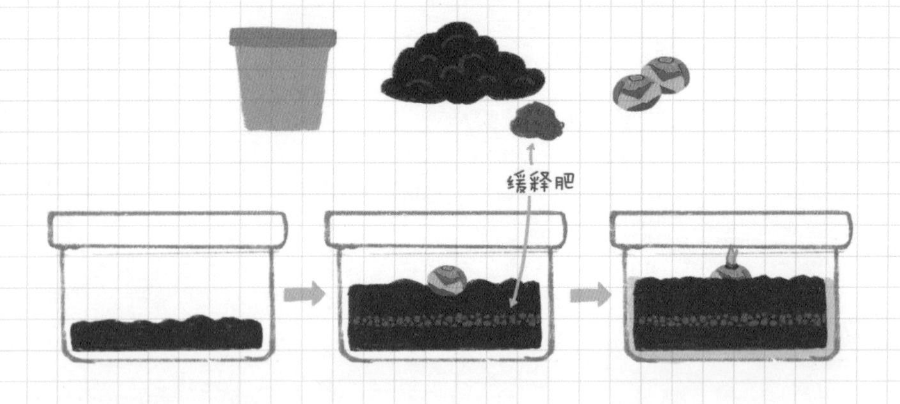

Tips

土培风信子分深埋和浅埋，深埋发芽慢，但可以把球养大，有机会复花；浅埋发芽快，开花之后种球变小。

浇水换水

土培风信子浇水比较简单，8个字：

不干不浇，一次浇透。

（浇水太多，容易烂根。）

水培风信子换水秘诀：

1. 将风信子种球掰向一侧，让瓶口漏出一个小缝。
2. 将水缓缓倒出，然后加加入新水。
3. 用纸巾将瓶口的水渍擦干，将种球调正。

Tips

风信子水不浑浊不用换，换水时不要把种球拿出来，避免伤根。

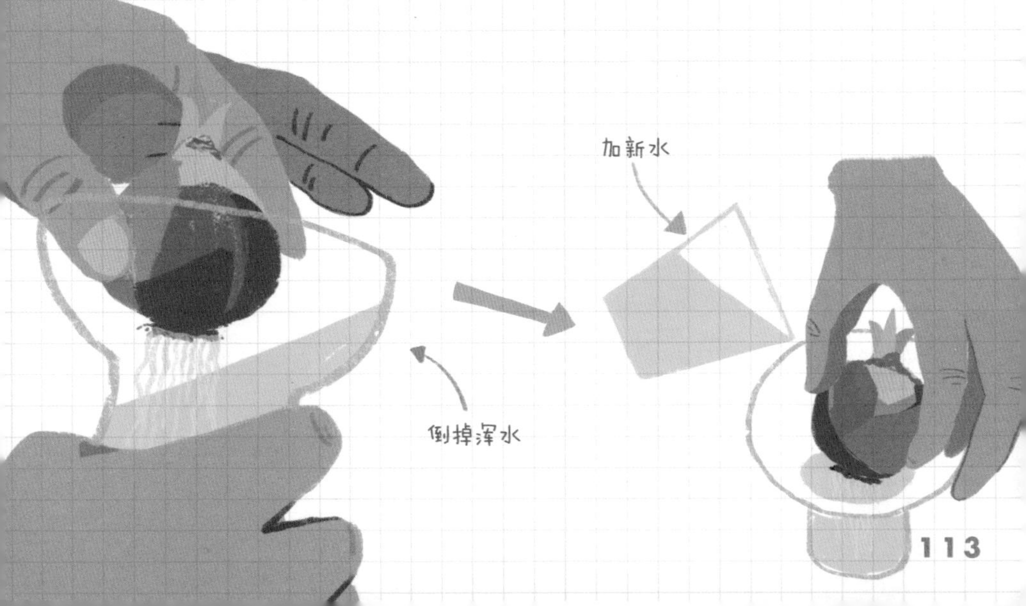

温度和低温处理

花茎抽出前

风信子对温度需求：

生长期：5 ℃ ~10 ℃

储存期：25 ℃ ~28 ℃

开花期：15 ℃ ~20 ℃

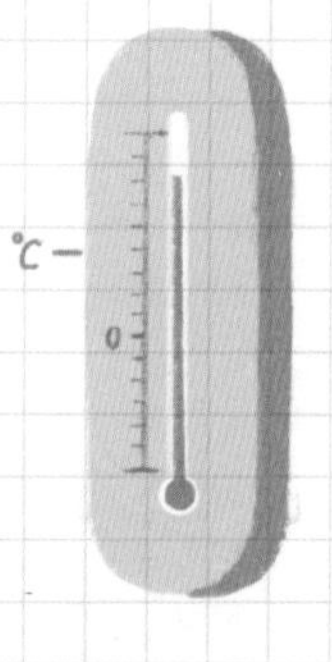

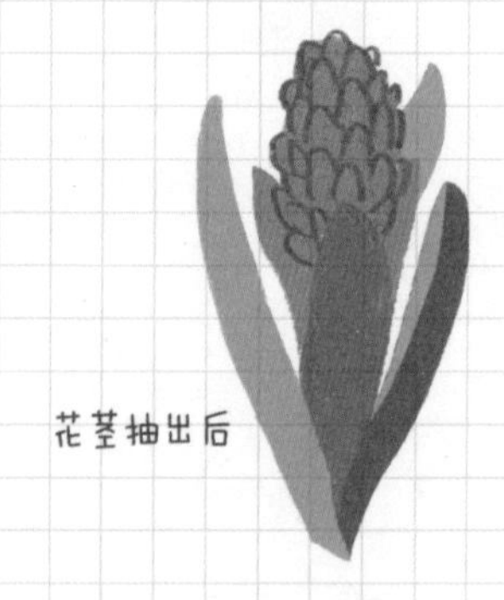
花茎抽出后

低温处理

风信子生长期需要经历低温，

花茎才能正常抽出开花。

低温范围：5 ℃ ~10 ℃

低温时间：2个月左右

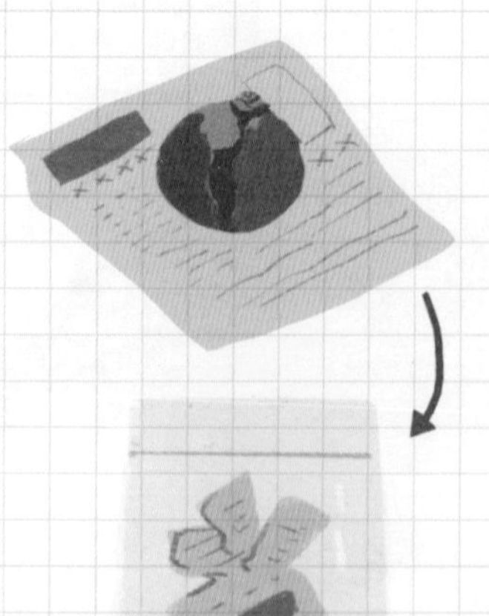

北方冬季寒冷，不需要专门低温处理，但要防止室温过高，出现夹箭现象。南方秋冬温度高，需要提前低温处理。

1 将风信子用报纸包裹装密封袋放入冰箱。

2 在5~9 ℃ 低温下储存2个月再拿出来水培。

Tips 风信子有毒，放在冰箱，要小心被妈妈当成洋葱炒菜吃。

风信子常见问题

夹箭

原因：

1.冷处理时间太短，

2.开花时温度过低。

预防夹箭：

1.保证两个月以上的低温生长，

2.花期温度保证在15℃~20℃。

夹箭处理：

用纸筒罩住风信子，放在阴凉处，用“徒长”来缓解夹箭。

夹箭

烂球

1.种球带有霉斑导致，做好种球处理。

2.水位太高泡烂种球，保证1~2厘米距离。

3.换水后瓶口有水渍；每次换水后要擦干水渍。

4.如果已经烂球，要及时用小刀剔除腐烂部位，泡杀菌剂晾干再水培。

霉斑

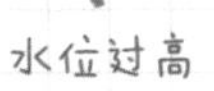

水位过高

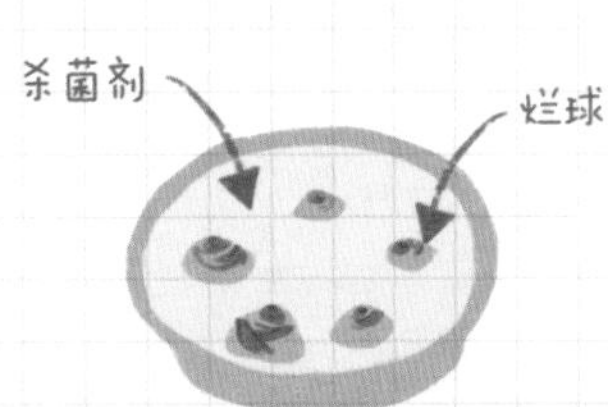

角堇

—饲养手册—

冬季调色盘

可能是气温寒冷，所以总觉得北方的冬天很漫长，植物新手在北方冬季可以选择多年生的长寿花和一年生的角堇。

角堇，常作一年生栽培，虽然我不太喜欢一年生植物（每年都要重新播种），不过角堇是例外，因为有一盆小草花一直开着，会让寒冬很快过去。

角堇分类

聊角堇前先要说一下三色堇，几年前很流行，也叫猫脸花，最近被角堇抢了风头，角堇的花比三色堇小，很容易区分。

另外，角堇比三色堇花更多更密，也更耐热耐寒，所以角堇在园艺圈非常受欢迎，园艺商培育了许多系列，网红款有“小兔子”角堇，其他系列我也简单介绍一下。

角堇系列

1 果汁冰糕系列（Viola Sorbet）

美国泛美种子公司培育，应用最广的系列，目前有40多种花色。推荐两种：

椰色漩涡

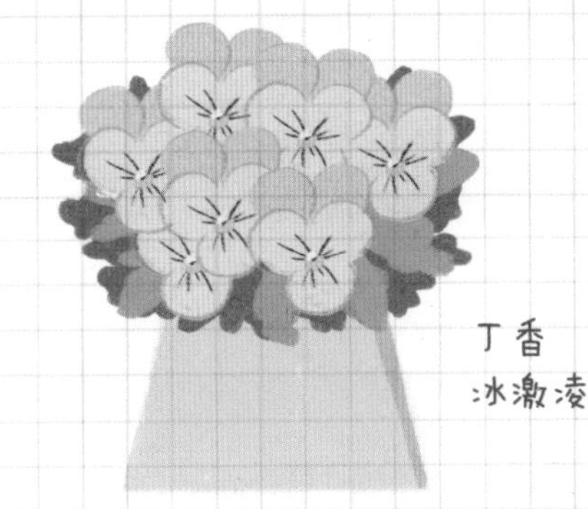

丁香冰激凌

2 小兔子系列

大多品种由日本见元园艺培育，因外形很像小兔子而得名，

除了小兔子系列还有小丸子系列。推荐：

千层酥

浆果奶酪

3 珍品系列（Viola Gem）

日本泷井培育，在国内很有名，尤其是几个古风品种。

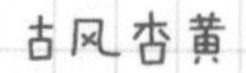

古风杏黄

天蓝色

4 小铃铛系列（Viola Rebelina）

日本坂田培育，这个系列是垂吊角堇。

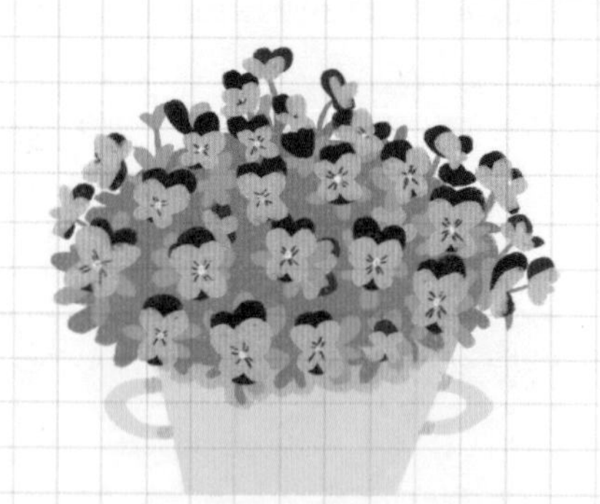

红黄双色

蓝黄双色

网购指南

角堇一般秋播，如果你没有播种，

现在也可以买苗，送上一份网购指南。

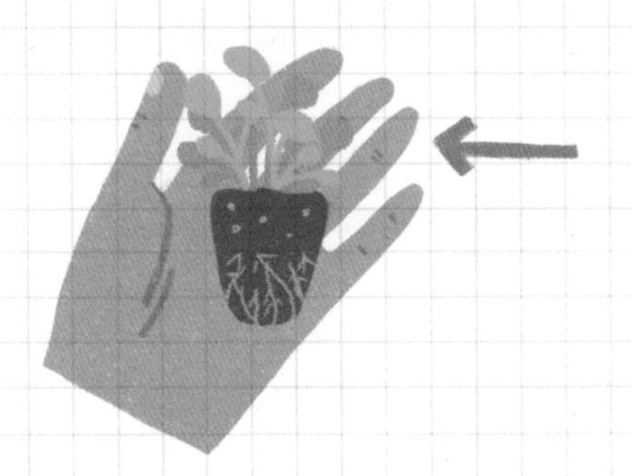

选好规格

1 角堇苗一般有两种规格：

未开花72穴盘苗，需要养1~2个月才开花，价格较低。

2 9~12厘米盆栽开花小苗，买回来就可以观赏，价格较高。

选择靠谱卖家

不要相信各种开花效果图，尽量选择提供实拍图的卖家。

Tips

如果你选择72穴盘苗，建议购买3株，选择15厘米口径花盆定植栽种。

温度

20°C
15°C

角堇很耐寒，冬季不低于-5℃，可以安全过冬，在0℃，照常开花。

但是，如果想让角堇健康生长，尽量保持在10~15℃环境。

光照

角堇喜光，最好放在朝南阳台，每天光照不低于3个小时。

浇水

按照"不干不浇，一次浇透原则"浇水。

判断角堇是否缺水的一个小秘诀：摸叶子，叶子发软再浇水。另外，虽然冬季光照弱，也要小心角堇被晒蔫。

施肥

在生长期，可以用2000倍的花多多1号稀薄液肥代替浇水，浇3次液肥，浇1次清水，替换浇灌。

出现花苞之后，可以用花多多2号，或者磷酸二氢钾肥。

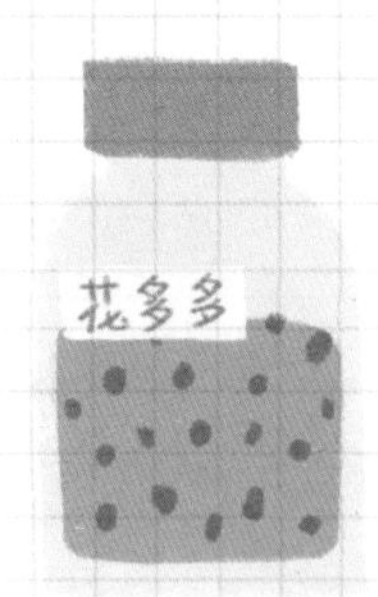

打顶

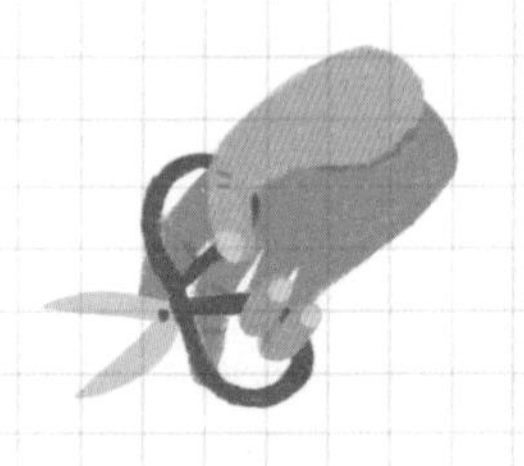

在生长期打顶2~3次，这样可以像矮牵牛一样爆盆。

开花之后也要轻剪，促发新枝。

角堇花期长，可以从12月开到6月。

红蜘蛛：

使用吡虫啉

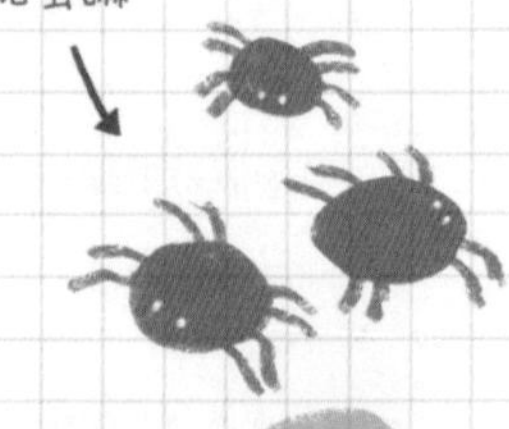

病虫害

保持室内通风，或者直接把角堇放室外也行，病虫害一般都是预防为主。常见的有：

白粉病：

使用百菌清

郁金香

饲养手册

郁金香

秋冬必种的球根植物

郁金香起源于中亚一带，流行于荷兰。

最狂热的时候，一颗郁金香球根，

可以换一套房子！！！

郁金香一般11月、12月播种，早春开花，

许多城市会举办各种郁金香花展。

如果你想在家里养郁金香，收好这篇

《郁金香饲养手册》！

郁金香的分类

郁金香有几千个品种，颜色、花型、花期都不同，
园艺上分为4类15群，其中大量生产的郁金香约150种，
国内进口品种更少，推荐一些你能买到的品种：

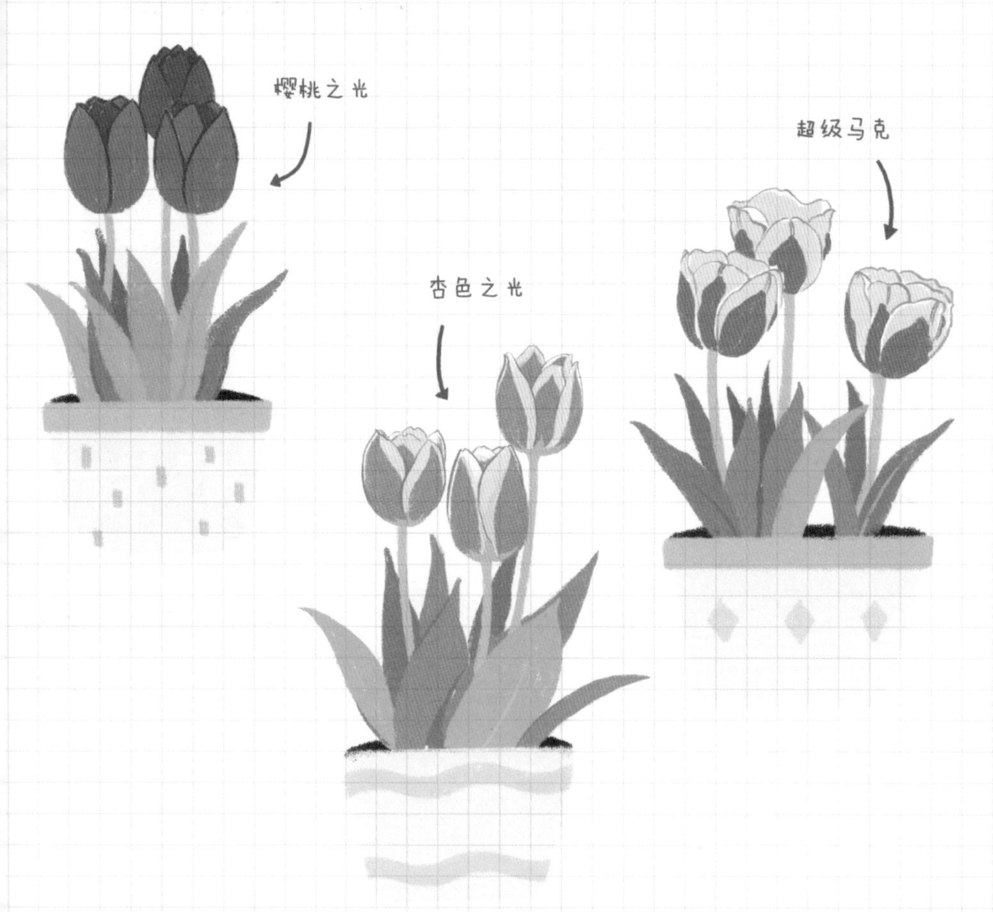

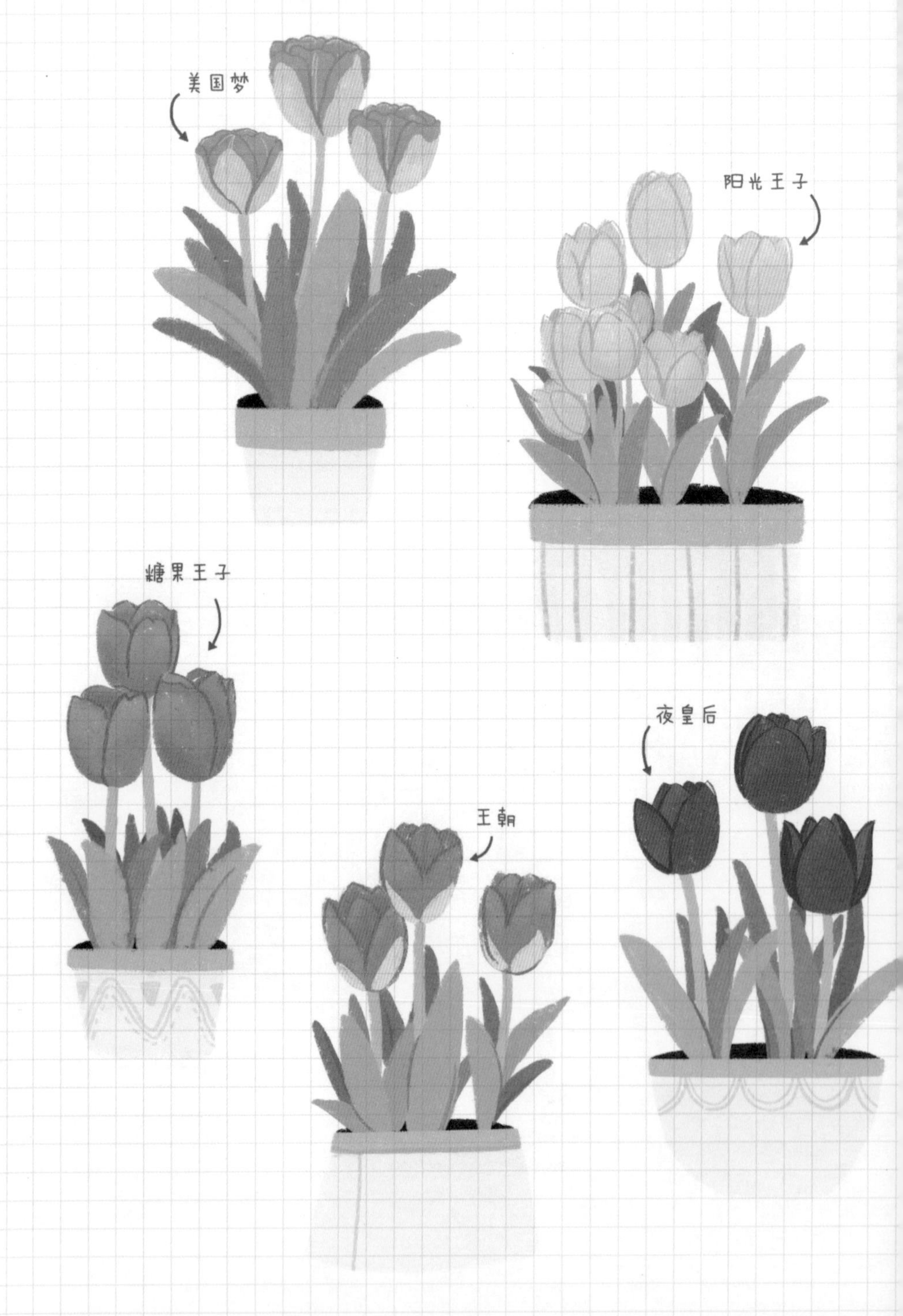
美国梦
阳光王子
糖果王子
夜皇后
王朝

购买指南

秋季购买

郁金香一般9月开始预售，11月发货，

其他时间除非预售，尽量不要购买。

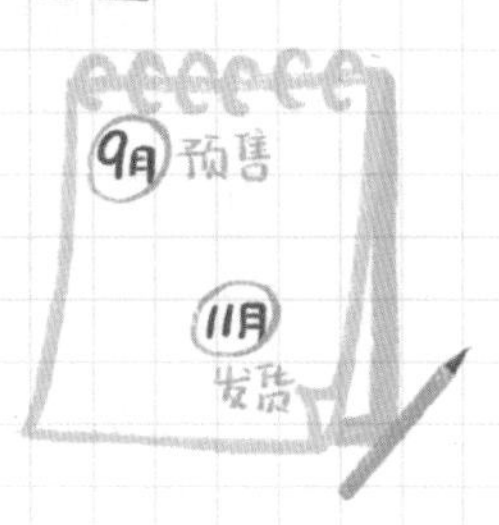

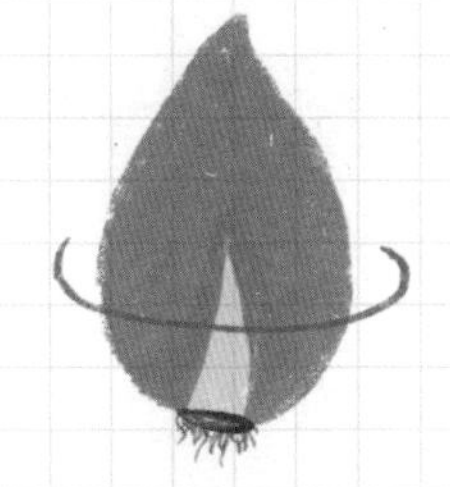

种球周长12厘米以上的

购买进口大球

尽量选择进口一代种球，品质有保证！

周长小的很可能是二代球，开花没有保证。

购买数量

郁金香密植好看，

建议最少买3棵。

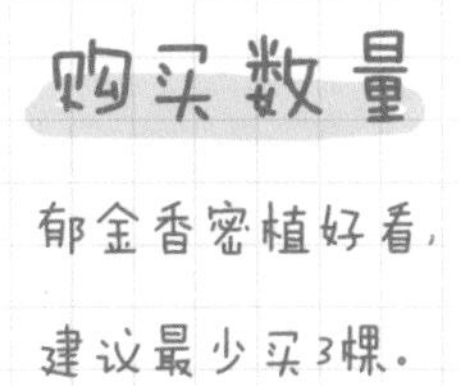

种球分类

自然球：也叫常温球，生长期需要低温，适合北方室外种植。

五度球：已经提前低温处理，适合北方暖气房室内盆栽和南方种植。五度球会比自然球早开花一两个月。

种植指南

种植准备

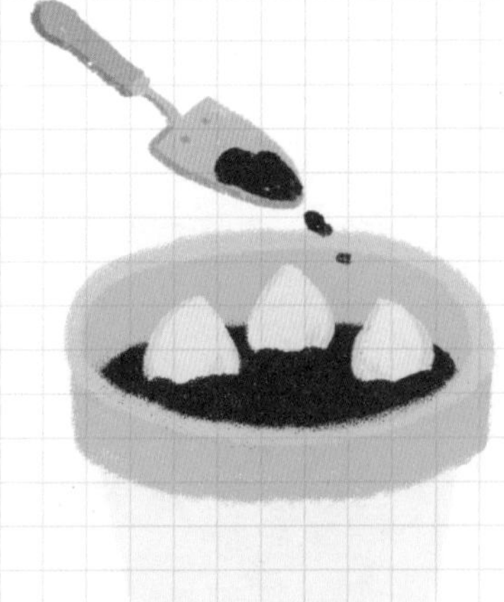

花盆：1加仑盆（口径16厘米）建议种3颗。

配土比例：

草炭：椰糠：蛭石：珍珠岩：有机肥

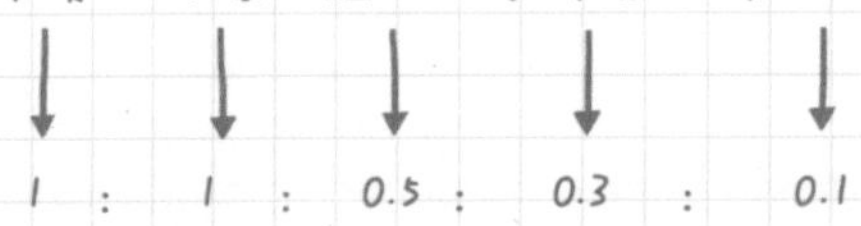

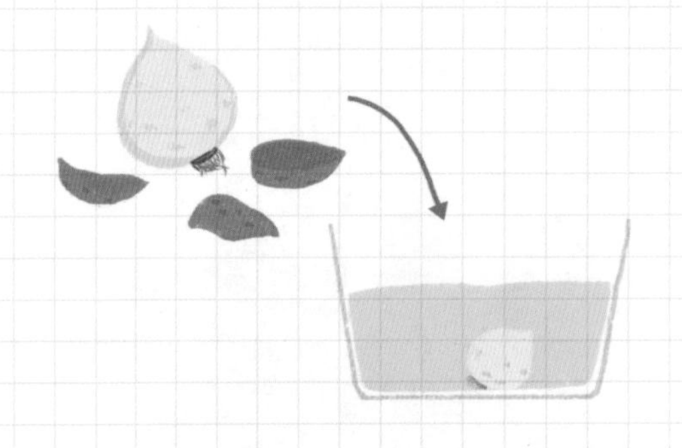

种球处理

如果球根出现霉斑，

可以剥掉外皮，

泡10分钟杀菌剂。

种植步骤

1.盆底放入纱网，铺一层粗颗粒土，再填一半配好的土。

2.均匀放入郁金香球，覆土3~5厘米，压实。

3.慢慢浇透水，放至光线明亮处，耐心等待生根。

饲养指南

1.郁金香喜光，全天都可以放在室外。

2.最高能耐-30℃低温，不用担心冻死。

3.郁金香冬季生长缓慢，浇水要坚持"不干不浇，一次浇透"的原则。

4.底肥使用有机肥，日常用花多多液肥。

郁金香生长周期：

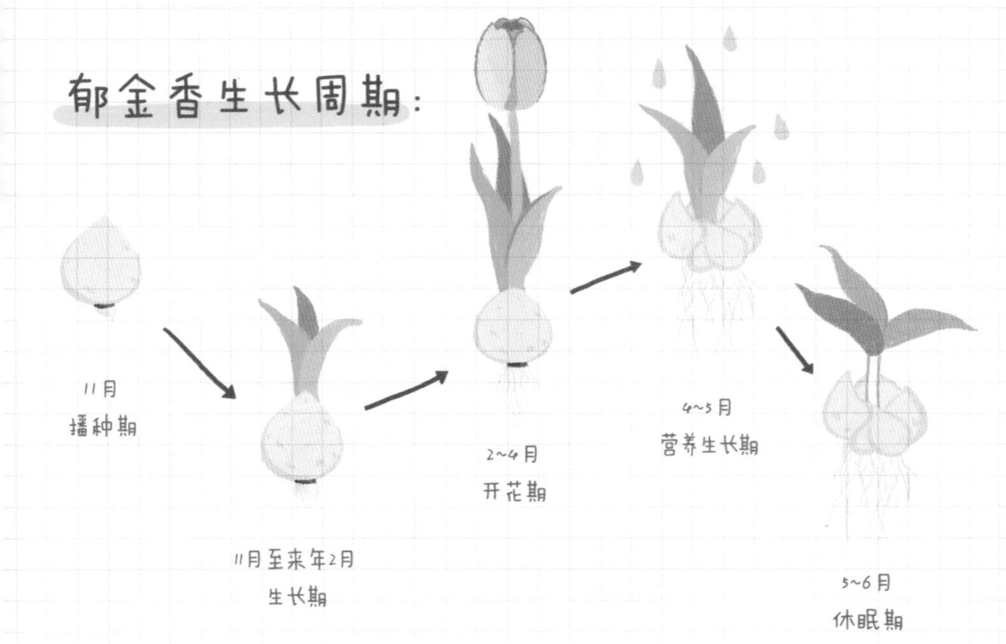

郁金香开完花，地下球根会变成几个新球根，秋季可以继续种，但复花全靠人品。

养护管理

1.郁金香不发芽

低温种植

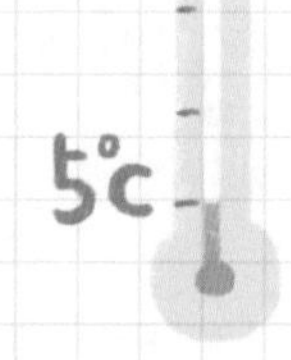

虽然郁金香很耐寒，但在生根之前，尽量保证在5℃～10℃的环境温度，利于生根。生根之后就不怕低温。

球根腐烂

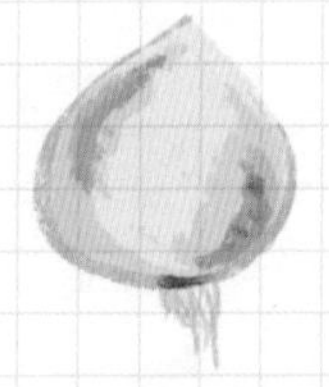

原因：种球埋土太深+浇水太频繁+土壤不疏松透气；

办法：浅埋+合理浇水+选择疏松透气土壤。

2.虫害

郁金香在生长期可能会遇到蚜虫虫害，可以用清水冲洗，虫害严重用吡虫啉治疗。

如何复花？

郁金香不太容易复花！

因为郁金香开花后，气温马上升高，

球根来不及生长就进入休眠期，营养储存不够。

复花小技巧：

1. 开花后直接剪掉做插花。

2. 继续浇水施肥，尽量让球根储存营养。

3. 随着叶片逐渐变黄，慢慢停止浇水。

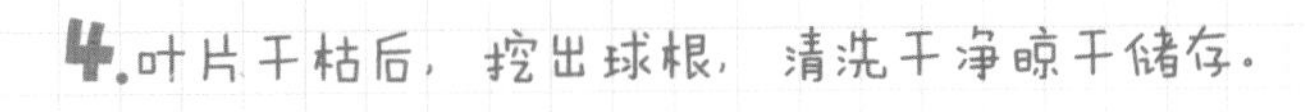

4. 叶片干枯后，挖出球根，清洗干净晾干储存。

Tips 郁金香在复花2~3年后，会退化不开花，建议重新买新的球根。

长寿花

饲养手册

长寿花

1927年在马达加斯加被发现，

1932年开始大量种植。

因为在圣诞节前后开花，

在国外叫圣诞伽蓝菜，

在国内，

有一个中国特色的名字——长寿花。

如果你想在冬天拥有一盆花开不断的长寿花，陪你过冬，先收好这篇饲养手册。

1 花期长，
从冬天开到夏天。

2 花色多，
除了单瓣还有重瓣。

长寿花园艺品种非常多，整理了一部分图鉴

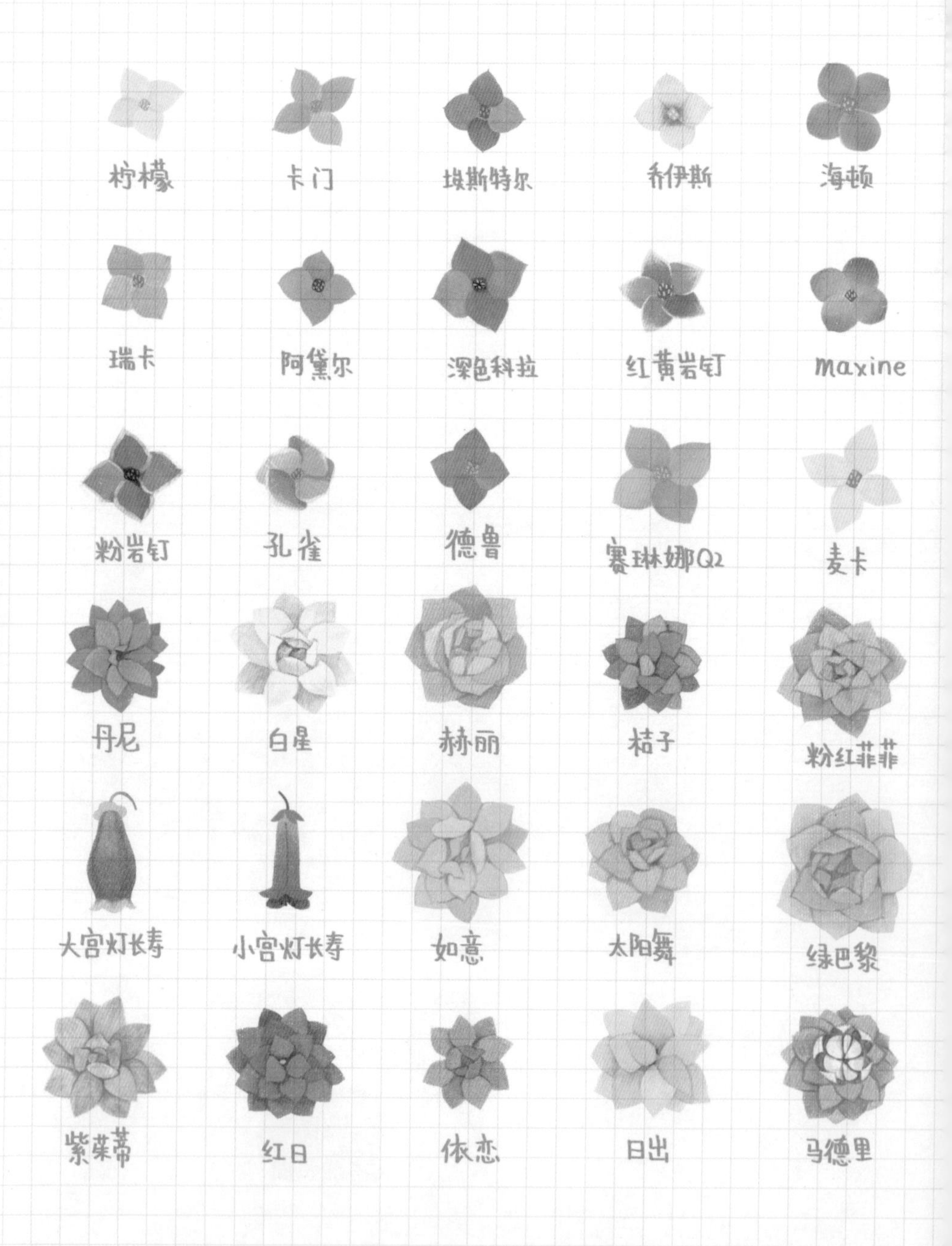

重瓣系列

绿巴黎

宫灯长寿

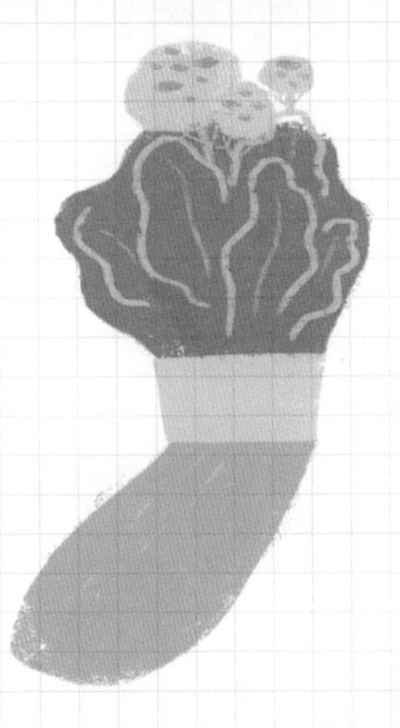

购买指南

长寿花秋冬上市，

建议直接购买盆栽。

1 网购

1.初次购买尽量选择常见品种。

2.不要轻信开花效果图，问清植物规格。

3.收到后第一时间打开透气，缓苗。

2 花市购买挑选标准

1.叶片厚实，叶色深绿。

2.株型挺立低矮丰满，花苞量大。

3.无黄叶无病害。

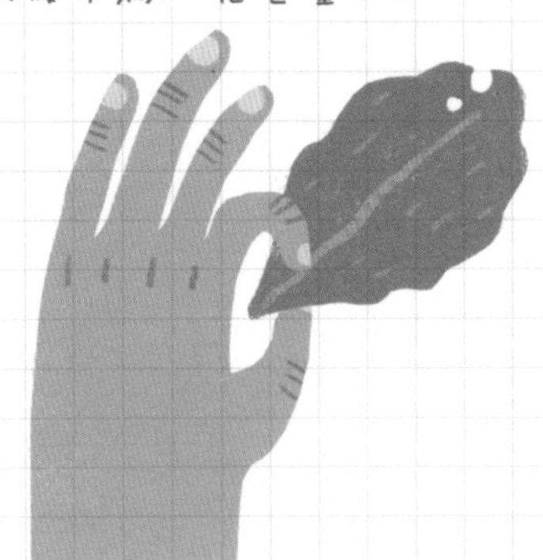

饲养指南

1 温度 冬季不低于5℃，夏季不高于30℃，在15℃~20℃，生长旺盛，开花不断。

2 光照 喜光，冬季放室内阳台，夏季高温，避免暴晒。

3 浇水 长寿花茎叶多汁，耐干旱，浇水不要太频繁。
ps：据说90%的长寿花都是浇水过多而死。

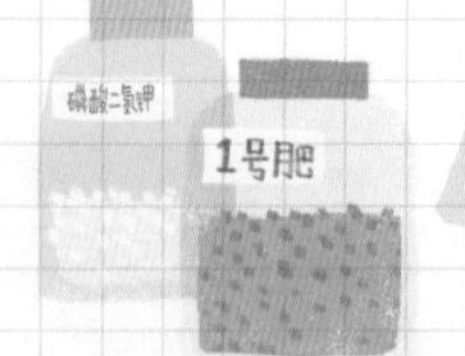

4 施肥 生长期使用花多多1号肥，开花期使用花多多2号或者磷酸二氢钾肥。

5 修剪 花谢之后，剪去残花，促发新枝，二次开花，修剪掉的枝条，可以扦插。

扦插

长寿花扦插易成活，
一般选用带叶片的枝条。

1 扦插时间

春夏秋皆可，
温度在20℃~25℃

2 扦插准备

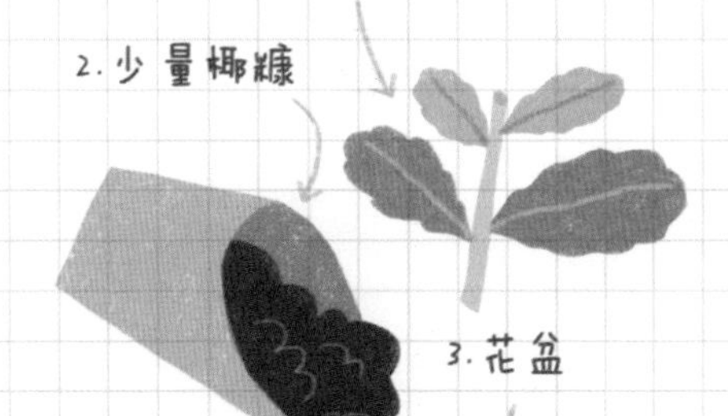

3 扦插步骤

1.将健康枝条插入装满椰糠的花盆；

2.花盆浸透水，放置阴凉通风处；

3.保持盆土湿润，一周左右生根发芽。

Tips

学会扦插之后，可以去贴吧论坛参与长寿花品种枝条的分享。

病虫害

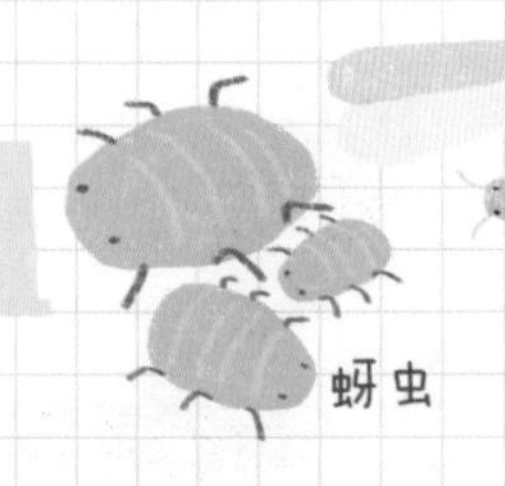

使用 → 吡虫啉 + 阿维菌素（搭配使用）

2

蚧必治 ← 使用 蚧壳虫

3 白粉病（温暖不透风环境易发生）

4 黑腐病（夏季高温易发生）

建议定期使用多菌灵、百菌清，预防为主。

酢浆草
饲养手册

秋播酢浆草

又到了秋播季，你们是不是剁手剁到停不下来，

秋播植物里，酢浆草应该是最好养的一种。

酢，念cu（四声），不是zha。

酢浆草是一个非常大的家族，全世界差不多有800多种，

主要分布在南美洲和南非好望角一带。

大部分酢浆草都是多年生植物，靠地下根茎繁殖，

根茎多数为球形，属于球根植物。

常见品种

酢浆草

乡下常见，开小黄花，叶子含草酸，你小时候肯定吃过。

关节酢浆草

也是观赏品种，绿化带常见，花红色，花心深红。

黄花酢浆草

原产南非，引种作观赏花卉，花也是黄色，比酢浆草要大一点，花茎细长。

红花酢浆草

观赏品种，花红色，花心绿色。

园艺分类

酢浆草园艺品种超多，按照种植时间可以分为春植酢，秋植酢，四季酢，其中秋植酢种类最多。

还分很多小系列：芙蓉系、爪子系、长发系、芙蓉系、ob系等等，

如果你是新手，推荐以下品种：

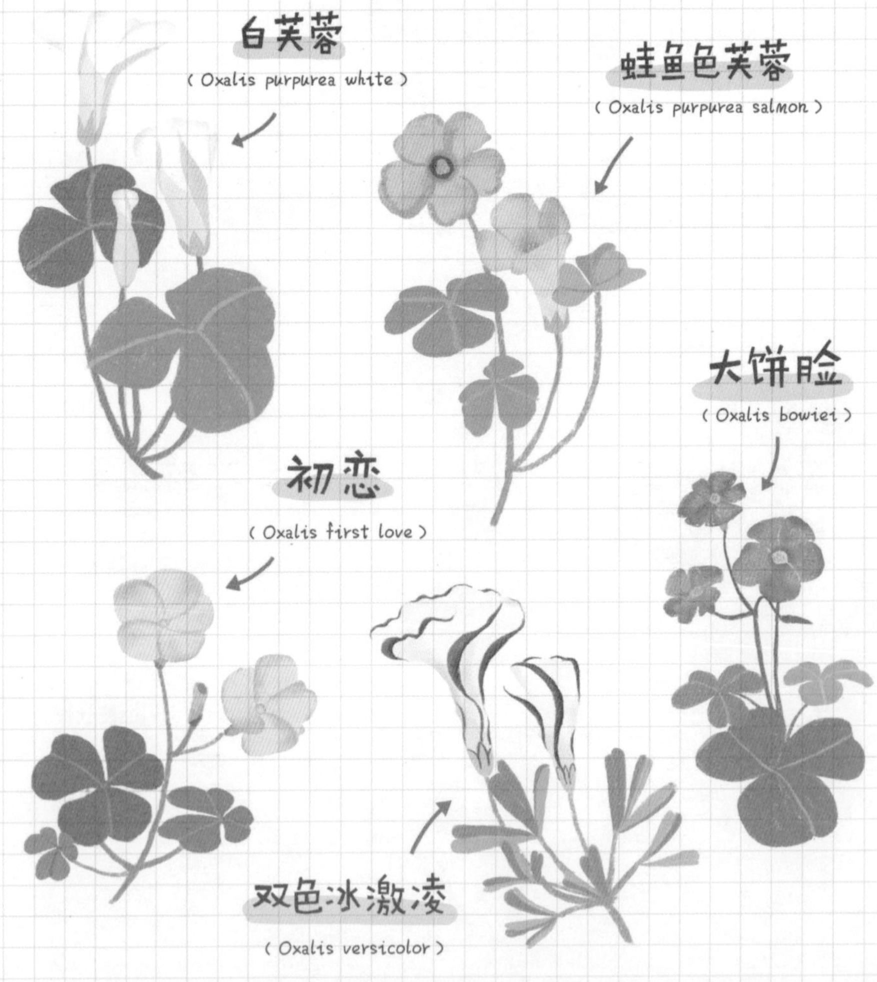

品种介绍

小橘饼

(oxalis sp orange)

长发酢

(oxalis hirta cherry)

黄花蝴蝶叶

(oxalis lobata)

(叶片对称像蝴蝶)

一片心

(Oxalis simplex)

(叶片心形)

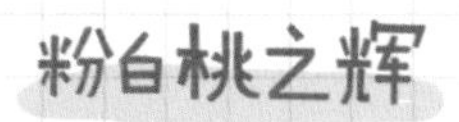

粉白桃之辉

(oxalis glabra pinky white)

秋播准备

买球 从网上购买自己喜欢的品种球根，不同品种的球根的大小也不一样，同一品种建议购买大球，易开花。

买盆 网上搜"酢浆草花盆"，一般口径10~15cm，高12~15cm的花盆都可以，推荐小白方盆。

买土 酢浆草不挑土，疏松透气就好，推荐椰糠：蛭石：珍珠岩，比例：1：1：1。

买肥 酢浆草喜肥，奥绿颗粒肥铺底，日常使用花多多水溶肥。

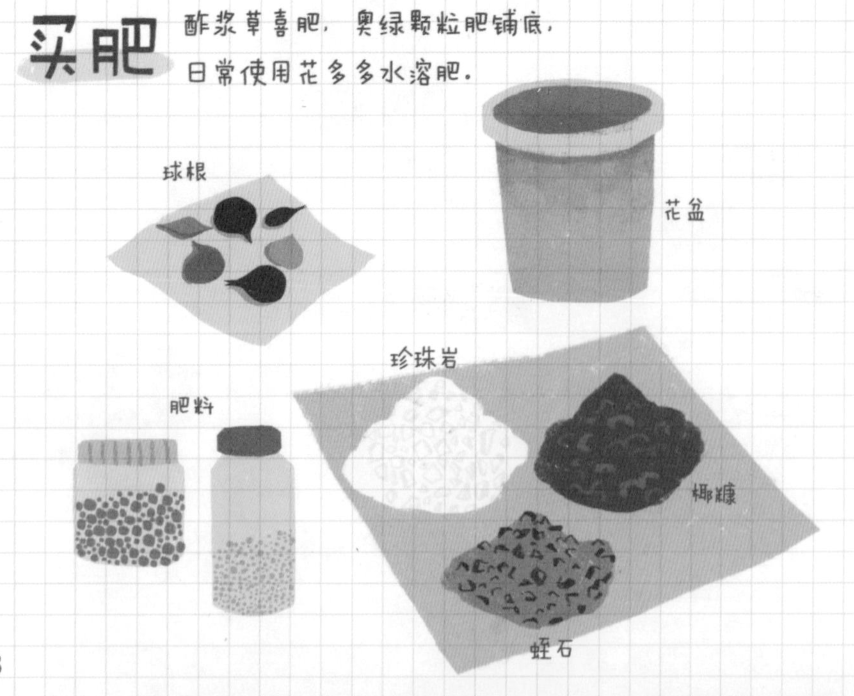

播种时间

秋天酢浆草球根在空气中就会发芽，发芽就可以播种，如果没有发芽，等到白天温度在25℃左右就可以播种，一般北方地区在9月上旬，南方地区在9月下旬。

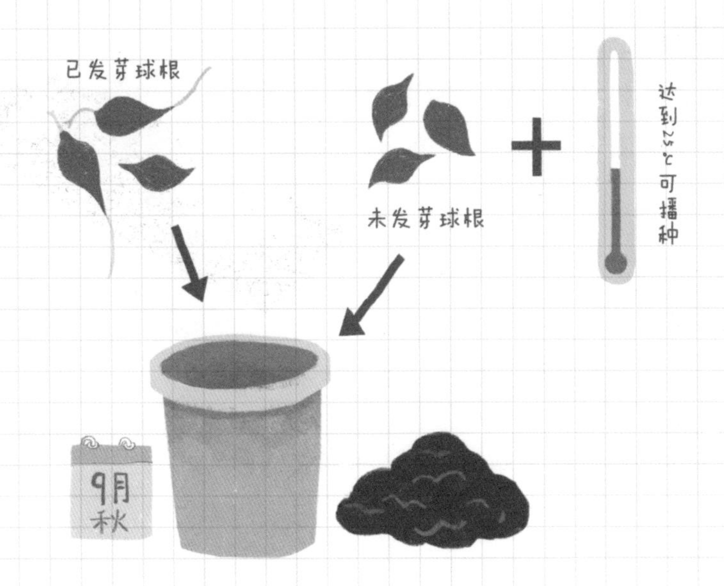

播种步骤

1. 将花盆装一半土，将球根平放；
2. 然后埋土，埋土深度一般为球根直径的2~3倍；
3. 采用浸盆法浇透水，放置阴凉处等发芽；
4. 发芽之后，就可以放置阳光充足的明亮处饲养。

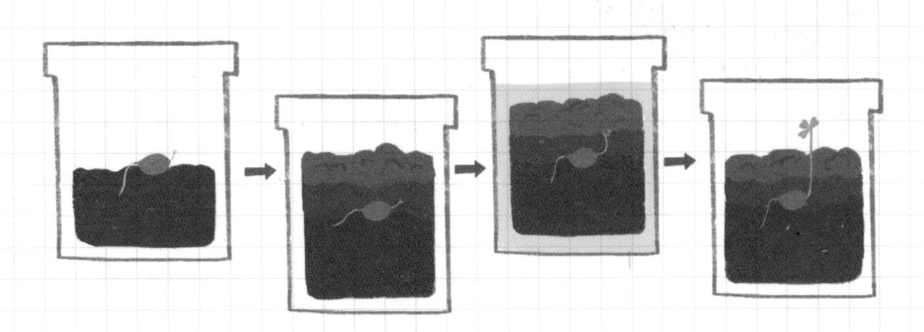

饲养指南

光照

酢浆草喜阳，每天要有5~8小时光照，不然会导致徒长，不开花。

温度

15℃~25℃：适宜生长温度。

5℃以上：安全过冬。

0℃~5℃：短期生长缓慢，长期发生冻害。

浇水

坚持不干不浇，一次浇透原则，避免土壤台式，导致球根腐烂。

施肥

播种时，可以在土壤中混合奥绿肥，日常配合浇水，施用花多多液肥。

观赏和收球

酢浆草花期很长，在饲养一个月后，就会开花，从深秋一直开花到春末，可以陪伴你度过寒冷的冬天。

等你看完花之后，还有工作需要做：

1.初夏，气温开始升高，酢浆草开始休眠，这时要减少浇水；

2.等酢浆草叶片变黄，停止浇水；

3.酢浆草完全枯萎后，将酢浆草从花盆倒出；

4.挑捡出土壤里的一串串的球根，清理干净；

5.将球根放置通风阴凉处储存，等待下一次秋播。

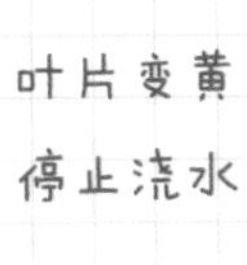

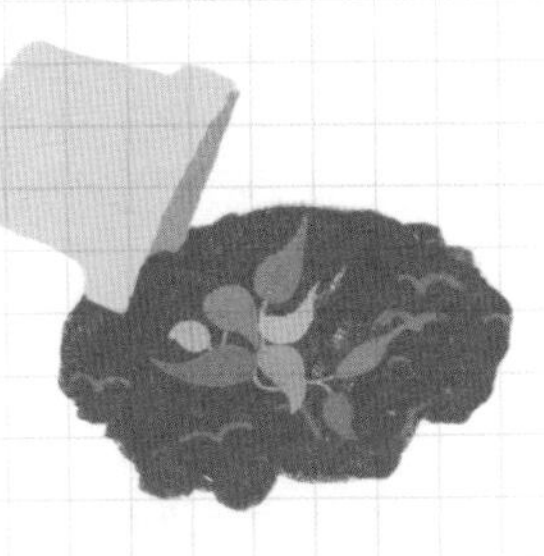

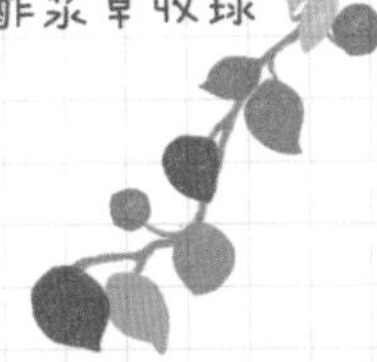

室内植物篇

养不死de
虎尾兰
饲养手册

虎尾兰

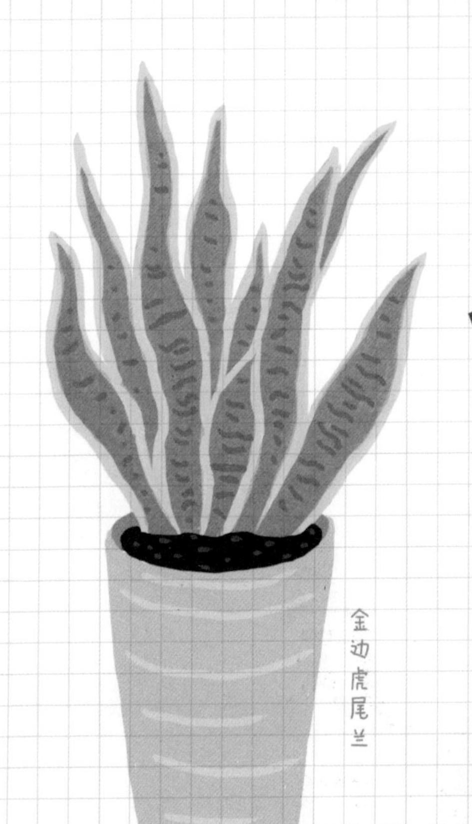

虎尾兰属百合科，原产遥远的西非，1904年被发现，园艺栽培品种繁多。

虎尾兰的叶片有横纹，很像老虎的尾巴，因而得名，也叫"虎皮兰"。

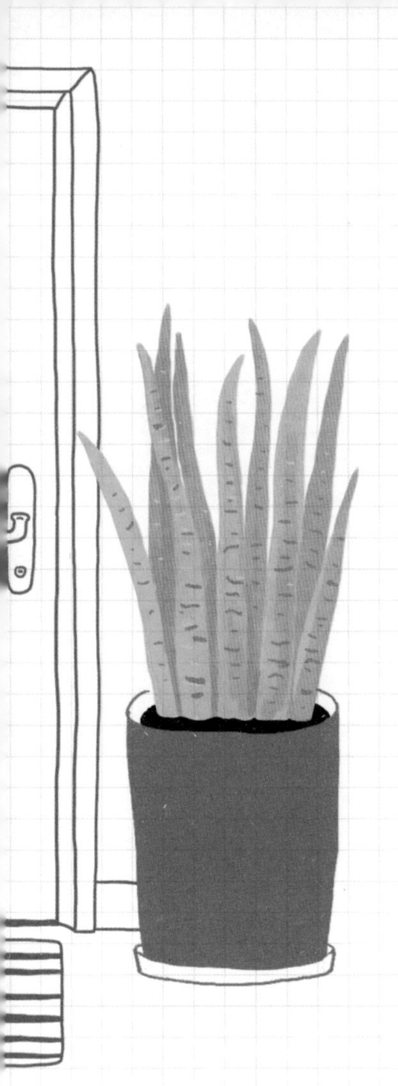

虎尾兰属于典型的

观叶植物，

叶狭长，质感厚。

搭配细高的花盆，

可以放置在客厅一角，

也可以放在门口两侧。

小盆栽放书桌

也十分和谐，

居家旅行必备植物。

金边虎尾兰应该是最常见的品种，

常见到已经烂大街，

反而不带金边的

已经很不常见。

金边虎尾兰一般身高40~80厘米，

养得好可以长更高。

另外还有一种墨绿虎尾兰，

也有带金边品种。

除了长叶品种，

还有一些

短叶虎尾兰

当然，

也一定有金边短叶虎尾兰，

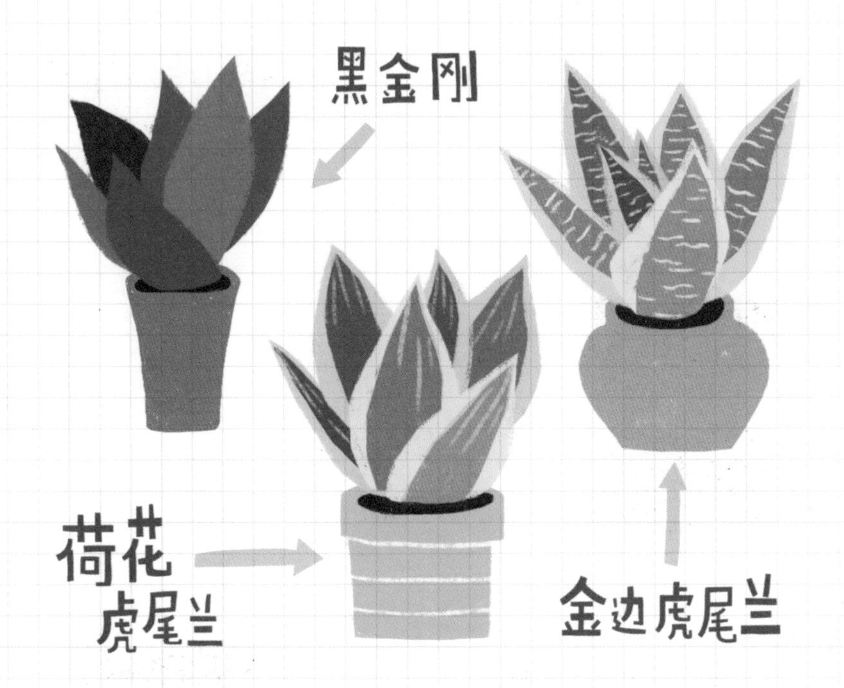

短叶的品种叶子是

呈螺旋状生长，

看起来像是一个鸟巢。

短叶品种很迷你，

适合小盆栽。

虎尾兰还有两个

特别的品种：

1 白玉虎尾兰

小清新！

2 棒叶虎尾兰

（也叫柱叶虎尾兰/佛前香）

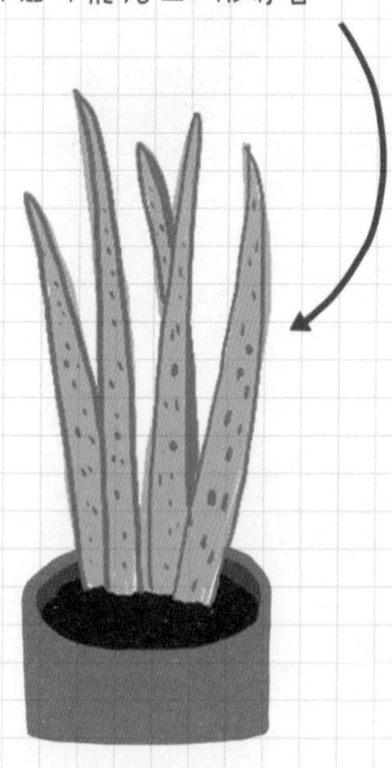

还有一些虎尾兰，

品种稀有，

价格比较贵，

也可能是我自己审美的问题，

并不觉得好看，

大家看看就好……

繁殖方式

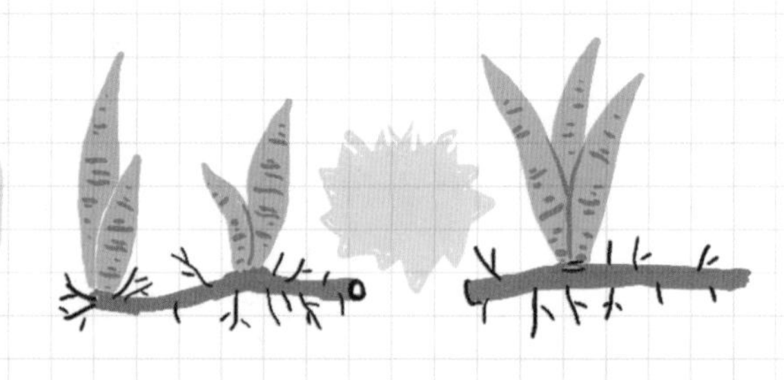

1 分株： 虎尾兰有横走根状茎，可以分株繁殖，将叶片与叶片根部的根状茎剪掉，分别栽种。

2 小芽： 也可以直接将大株虎尾兰根部发出来的虎尾兰小芽连根挖出来栽种。

3 扦插： 把虎尾兰的叶子剪成5厘米左右的叶片，阴凉处晾晒一晚，等伤口愈合；

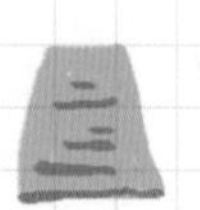

然后立着插进疏松湿润的沙土（椰糠）中，放在阴凉通风处，保持土壤湿润，一个月后，叶片就会生根，长出新的小芽。

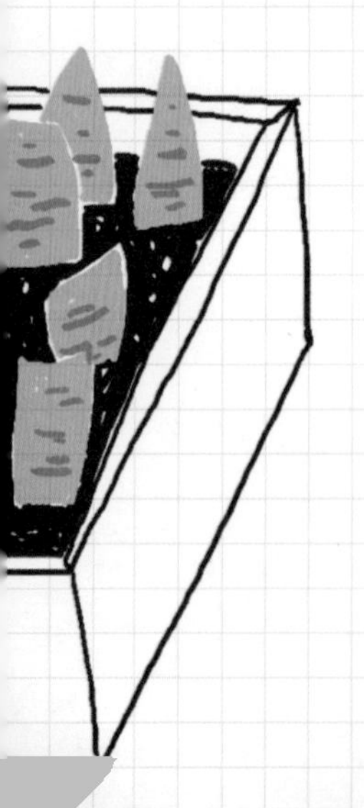

耐♥等待吧！

饲养手册

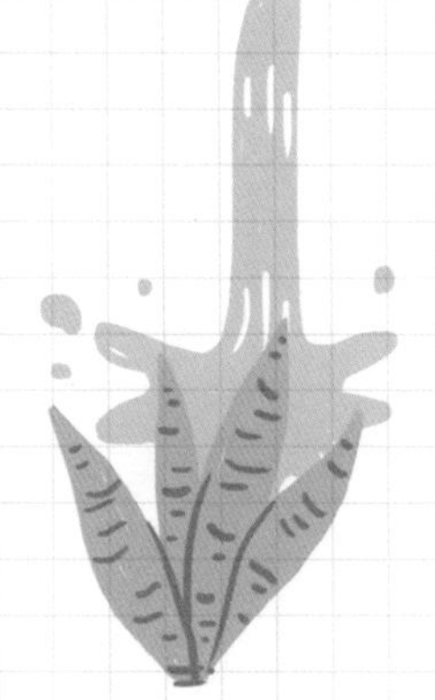

浇水 是养好虎尾兰的关键，虎尾兰叶片含有大量水分，室内饲养，水分蒸发慢，所以，千万不要频繁浇水！浇水要一次浇透，建议一周或两周浇一次，尽量保证土壤偏干燥每次浇水后保证盆内没有积水，防止根部叶片腐烂。

通风 是养好虎尾兰的第二点，尤其是夏天，闷热的空气加上频繁浇水很容易导致叶片疲软腐烂。

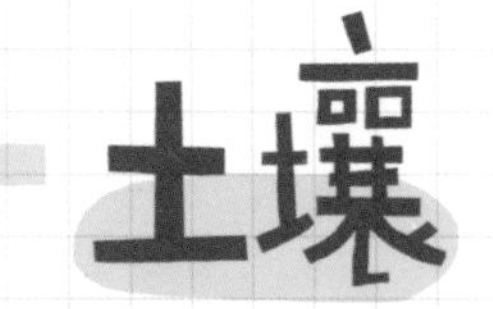

土壤 为了保证透气透水，建议用疏松的营养土，不要用黄土。

光照 虎尾兰喜欢阳光！But！也不能在太阳下暴晒！南边阳台和明亮的客厅都适合摆放。

空气凤梨
饲养手册

空气凤梨

我不是可
以吃的水
果凤梨哦~

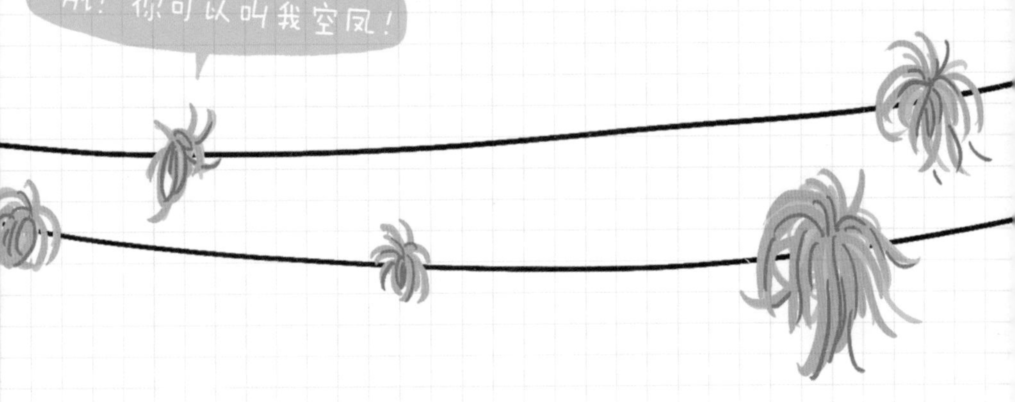

不需要土，只吸收空气中的水

就可以生长，是空气凤梨名字的由来，

英文叫Air plants，

传说中的

“真……喝西北风植物”

在空气凤梨的老家——南美洲，

空气凤梨随处可见！

好养的空凤

空凤是最省事的植物，懒癌患者必备

一棵多肉和空凤对比

↓↓↓

	多肉	空凤
盆	买什么盆？ 多大盆？	不要盆！
土	用什么土？ 怎么配土？	不要土！
水	怎么浇水？ 一次浇多少？	喷水、过水、 泡水，都没事！
休	放假啦谁照顾？	装口袋里带回家！

没错，如果你技艺精湛，

完全可以把空凤当成一只口袋宠物，

随身携带都不成问题。

空凤的分类

空凤品种有500+，每年还有新品种。

按体型可分为：

小型、中型（3~5厘米）：精灵系列、章鱼系列。

大型：霸王、电烫卷。

20

15

10

5

福果精灵

空凤身高对比图示（单位：厘米）

按颜色可分为：

银叶种：

叶片布满

银白色鳞片，

叶片坚硬，

喜光耐旱。

菲戈

小精灵

贝吉

小号

绿叶种：

叶片绿色光滑，

无鳞片，

叶片柔软，

喜阴喜水。

空凤变色

为了吸引蜜蜂、蝴蝶等虫媒授粉，提高授粉率，空凤在花期叶片会变成艳丽的颜色，这种现象叫**婚姻色**。

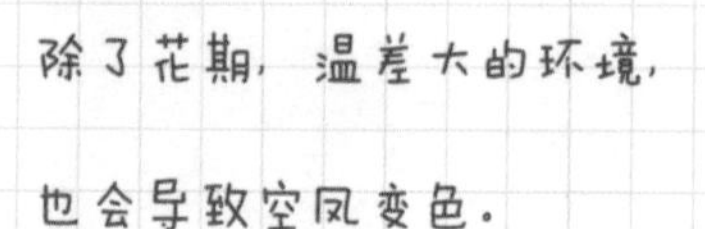

除了花期，温差大的环境，也会导致空凤变色。

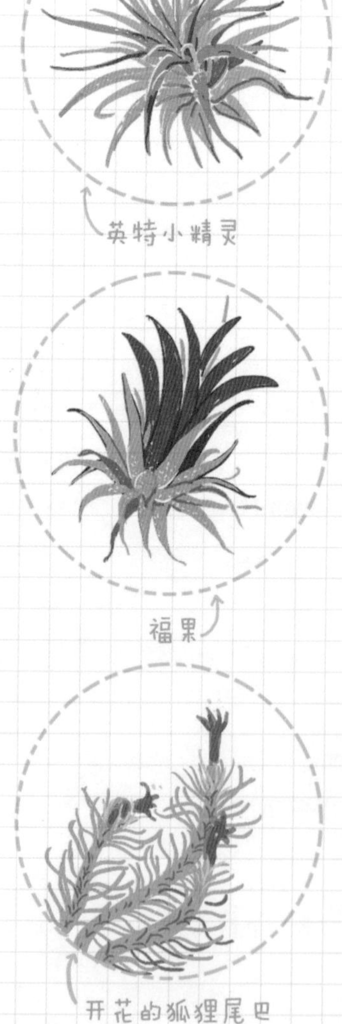

空凤变色小技巧：

1. 挑选易变色的品种，比如福果小精灵，鲁普拉小精灵……
2. 在春秋季，温差大于10℃，白天适当增加光照。
3. 在秋冬花期购买已变色空凤。

购买指南

途径： 花卉市场品种少，价格高，建议直接网购。

店铺： 找到靠谱的店铺。

品种： 进口品种贵，国产品种便宜。

规格： 问清楚规格、大小、颜色，避免心理落差。

收货： 收到空凤不要着急浇水，先通风缓苗3~4天，再正常照顾。

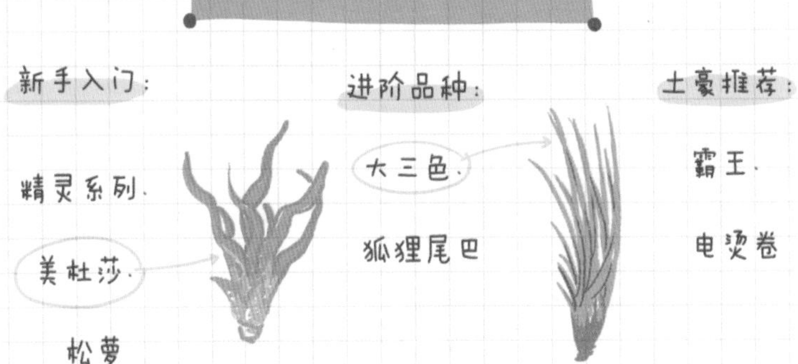

空凤不能暴晒，

夏天适当遮阳，

喜欢明亮散射光，比如阳台。

银叶种比绿叶种喜光，可以增加光照。

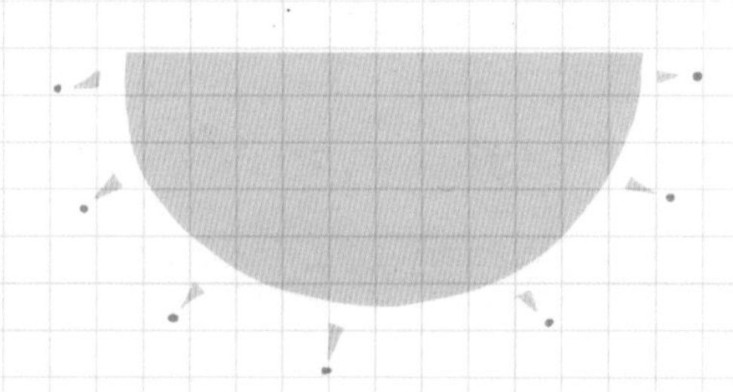

饲养要点：光照和温度

15℃～28℃

是空凤合适的生长温度

-5℃～40℃

是空凤的忍耐温度

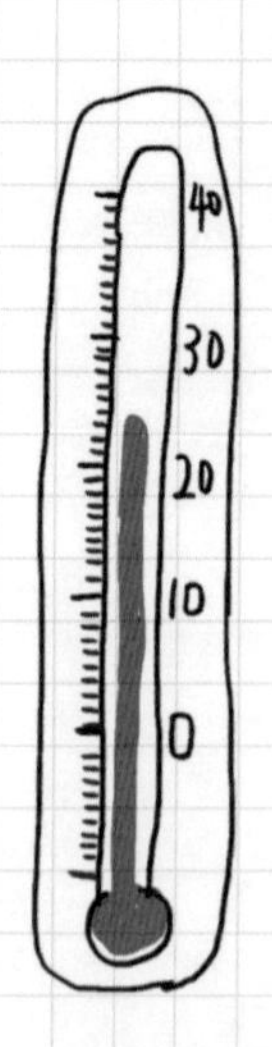

低于10℃，减少浇水；

低于5℃，停止生长，进入休眠；

0℃以上，可以安全过冬。

饲养要点：通风浇水

空凤要放在室内通风位置，比如：阳台，窗台。

浇水最关键！大部分空凤都是水多+不通风，导致叶心腐烂而死。

那么如何正确浇水呢？

1 什么时间浇？

晚上。

白天空凤叶片上的气孔闭合，浇水会堵塞呼吸。

2 多久浇一次？

不固定。

当空凤叶片卷曲时浇水，否则尽量不浇水。

3 怎么浇水？有三种方式。

喷水：喷完注意叶心不要积水。

过水：把空凤浸在水中5秒后，取出轻摔或者倒置，叶心别积水。

泡水：新手不建议尝试。

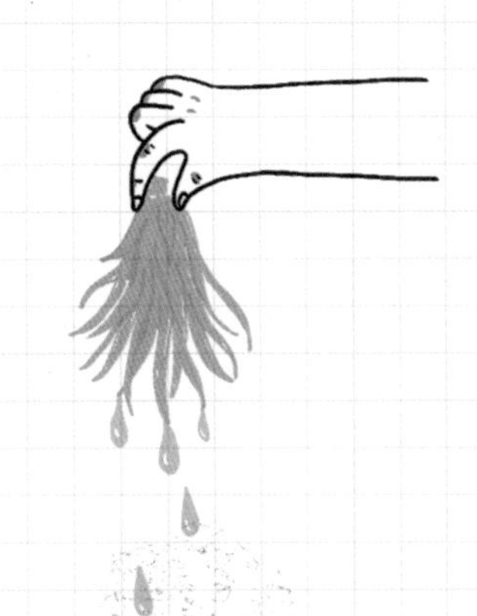

划重点：不管怎么浇水，叶心都不要积水！！！

空凤底座DIY

空凤虽然不需要花盆，但是要用底座来固定，

底座制作教程

准备材料：

（铁丝与细钉的粗细要一致哦！）

废木块

铁丝15厘米

砂纸

细钉

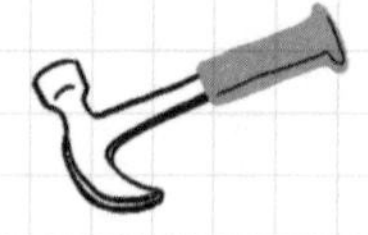

起钉锤

步骤：

1 用砂纸把废木块打磨光滑；

2 把细钉钉入木块，再把细钉起出来；

3 把铁丝一头已螺旋式弯曲，另一头插入刚才木块上的钉孔里；

4 把你的空凤放上去。

如果你嫌以上操作复杂看不懂，就交给男朋友操作。

仙人掌

—饲养手册—

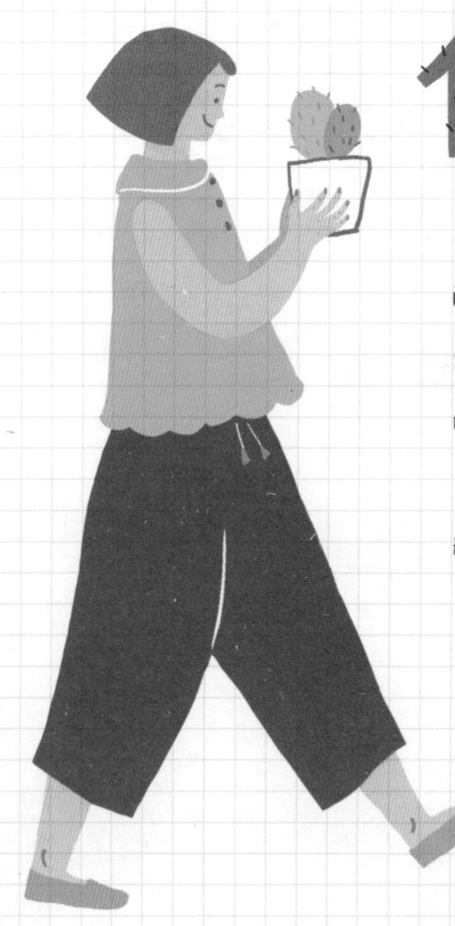

仙人掌

耐旱好养，加上所谓的“防辐射”功效，成为很多植物新手的第一盆植物！但是，有些植物杀手连仙人掌都不放过，养着养着就死了，这种情况基本上可以告别植物界了……

不过你还有救！

拿着这份仙人掌饲养手册，快去科学正确地照顾你的仙人掌吧！

PS：仙人掌并不防电脑辐射。

仙人掌科植物：品种数1800+。

主要分布地：南美洲。

外形分类：仙人掌、仙人球、仙人柱。

本次我们主要介绍仙人掌（因为我喜欢！）

花

果

小窠[kē]

是仙人掌最重要的器官，可以长出刺、叶、茎、花。

刺

叶子

仙人掌叶子早落，一般看不到。

肉质茎

我不是叶片哦！

仙人掌种类

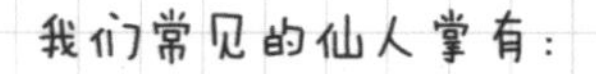

单刺仙人掌

特点：

刺又长又硬，

不适合盆栽。

缩刺仙人掌

推荐：

米邦塔仙人掌

特点是无刺或少刺，

肉质茎很厚，可食用。

仙人掌里有一大类叫

团扇仙人掌

有几种特别适合盆栽：

如果你喜欢

大型仙人掌

推荐：

大盆丸

顾名思义，

大如脸盆！

是大脸人拍照的

瘦脸神器！

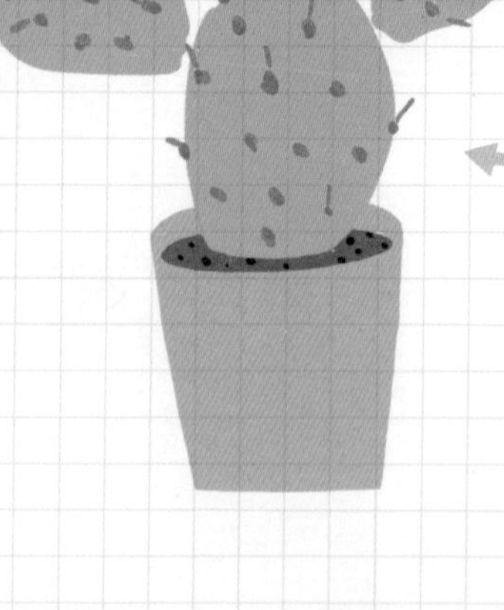

还有一种仙人掌叫

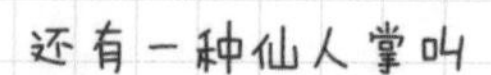

银盾

长有粉红色的刺，

非常漂亮！

仙人掌扦插

仙人掌种子繁殖较困难，一般扦插繁殖。

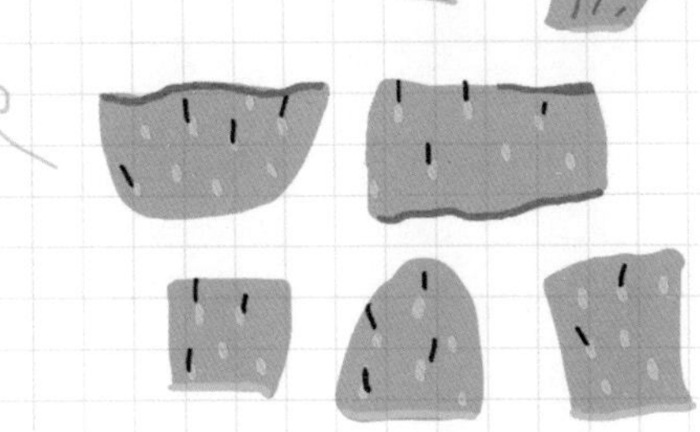

扦插步骤：

1. 剪下一片仙人掌，阴凉处晾3~5天；
2. 埋入略湿润基质，深度约2~3厘米；
3. 将仙人掌放置阴凉处，发芽前不要浇水；
4. 20天左右会生根，长出新芽，这时可以进行上盆了。

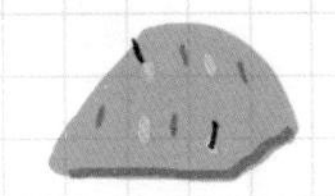

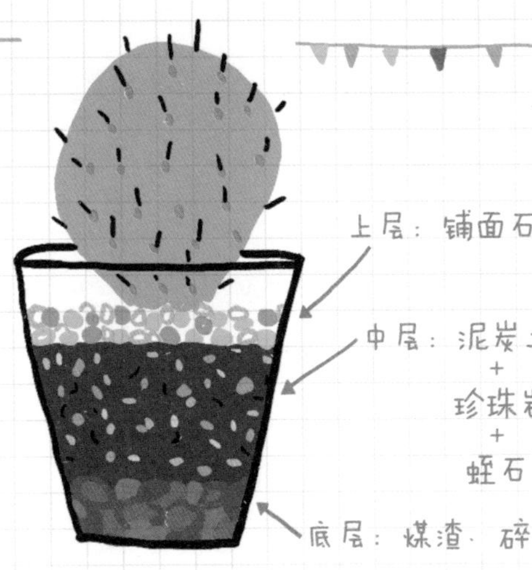

盆 和仙人掌一样大小，太大的话，土壤多，存水多，容易烂根；

土 仙人掌不挑土，但是建议新手这样配土。

TIPS: 仙人掌一般以Y字形生长，如果只发了一个芽，要及时抹去。两个芽才能长大。

仙人掌饲养要点：

90%盆栽仙人掌都是浇水浇死的！！

所以一定要记住浇水原则：

1 宁可不浇，不要多浇。

2 每次浇完，花盆不能积水。

3 光照强，一周一次，阴凉处，两周一次。

4 春秋生长期适当多浇，夏冬休眠期尽量少浇。

施肥

一个月施一次花多多液肥，

1000倍兑水稀释。

温度

适宜生长温度：20℃~30℃

夏季，仙人掌白天休眠，避免暴晒。

冬季，不同品种过冬温度不一样，一般0℃以上都可以安全过冬。

食用仙人掌

仙人掌的浆果味道酸甜，可以食用，

据说在墨西哥，关于仙人掌的吃法有100多种。

当然，不是任何仙人掌都可以吃，

如果你想试试，请选择刺少肉厚的米邦塔仙人掌。

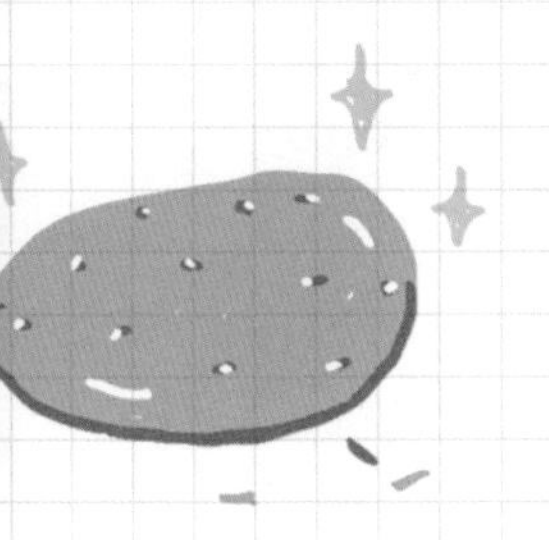

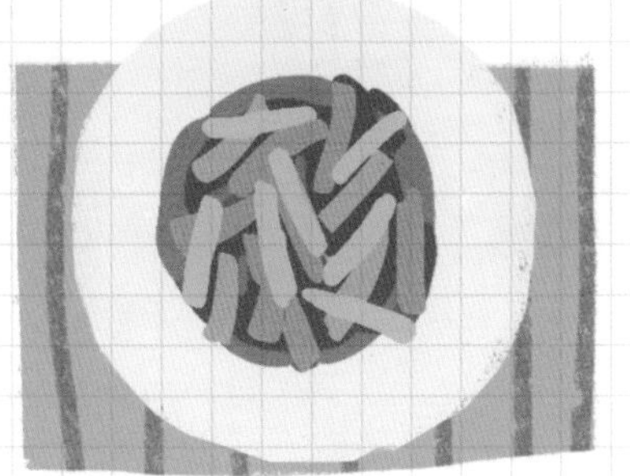

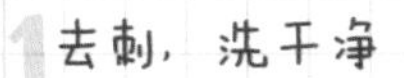

4 加调料凉拌

3 焯水

2 去皮，切条

如果味道不是很好，请出门右拐

去超市买仙人掌科的另外一种果实

——火龙果，压压惊。

竹芋植物
饲养手册

竹芋植物

竹芋科植物有300多种，主要分布在美洲热带地区。

大部分品种的叶片都带有漂亮的花纹，特别适合室内观赏。

品种推荐

竹芋在国内被冠以各种商品名，为了方便你在淘宝可以准确搜到，这里以商品名为准。

青苹果竹芋

叶片又圆又大，喜欢偏干燥土壤。

飞羽竹芋

叶片银白色，有绿色条纹，晚上叶子会合起来。

新飞羽竹芋

国外叫"Crey Star"，和飞羽很像，区别是叶片上的叶脉更细。

双线竹芋

叶片有双细纹，

纹路红色、白色

青纹竹芋

和双线芋很像，

但纹路更粗。

红美丽竹芋

肖竹芋的一个品种，叶片紫褐色，

有一圈粉色斑驳纹路，非常好看！

相比其他品种，比较怕热。

箭羽竹芋

叶片狭长似箭，有卵型墨绿斑点，像熊猫的眼睛，所以国内也叫猫眼竹芋。

波浪竹芋

和猫眼竹芋很像，叶片边缘有波浪纹，叶背紫色，也叫紫背浪心竹芋。

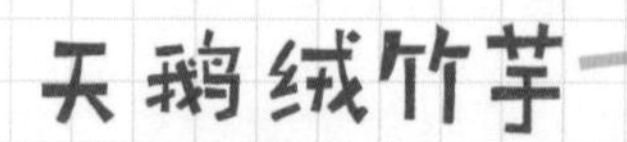

天鹅绒竹芋

叶片像天鹅绒一样柔软，看起来很像塑料做的假绿植。

饲养环境

1光照

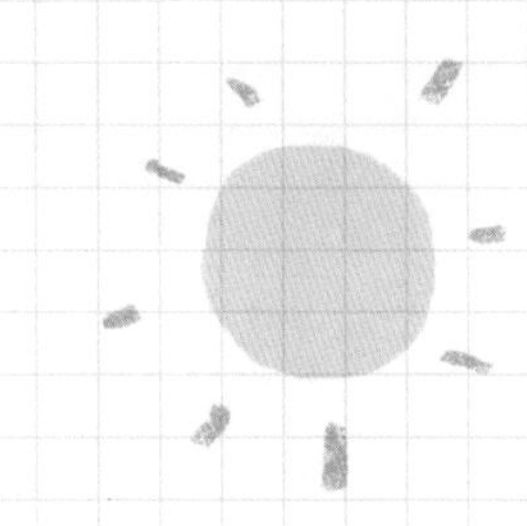

喜欢明亮散射光，

不能暴晒！

2温度

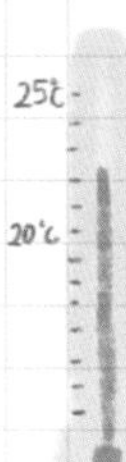

喜欢通风良好

的高温环境。

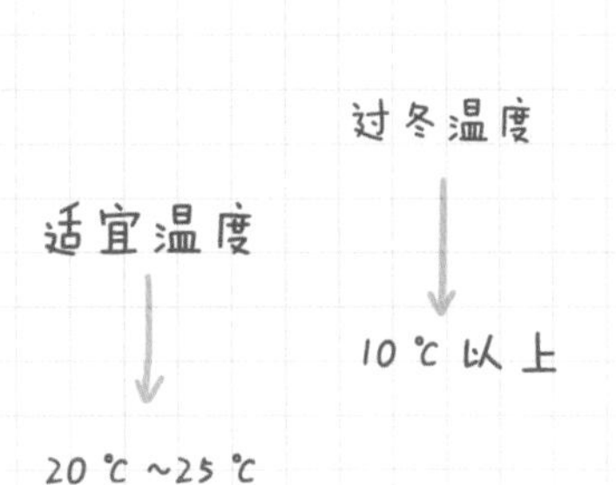

饲养要点

1 土壤

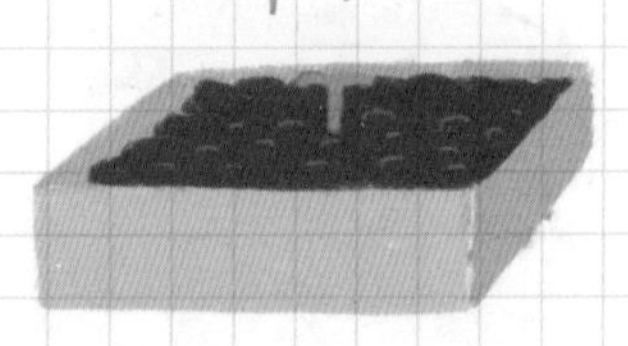

竹芋喜欢偏酸性土壤，配土可以加上红土，没有红土可用硫酸亚铁中和土壤。

2 浇水

保持土壤湿润，不能等于土壤完全干透才浇。通风良好的前提下，可以适当给叶片喷水。

3 施肥

竹芋属于观叶植物，以氮肥为主，底肥可以加入适量腐热鸡粪肥。

病虫害

虫害主要是红蜘蛛、蚧壳虫和蚜虫。

针对不同病虫害，选择对应药剂治疗。

叶枯病 → 从叶尖开始出现斑点，逐渐扩大至整个叶片。

叶斑病 → 叶片出现褐色斑点。

软腐病 → 靠近土壤根茎出现褐色病斑，导致根茎变软或腐烂。

锈病 → 叶片表面产生大量小黄斑。

Tips

老鼠会吃竹芋的地下根块，要小心哦！

锈病

叶枯病

叶斑病

软腐病

你问我答

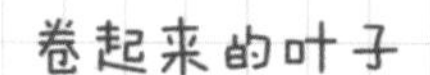

1竹芋卷叶？

晚上卷叶，是竹芋的睡眠运动，白天会展开；白天卷叶，是低温、缺水造成。

2竹芋叶片发黄？

光照太强会晒黄叶片，挪至光线明亮处。

TIPS 浇水过多也会使叶片发黄、根茎腐烂。夏季保持土壤湿润，秋冬减少浇水次数。

盛夏“白”三白

饲养手册

夏天的南方，很容易见到三种花

——茉莉、栀子、白兰。

它们都在夏天开放，洁白无瑕，气味清香，

被人们称为“盛夏三白”！

茉莉花

（木犀科、素馨属）

直立灌木，原产印度，

我国南方常见，北方以盆栽为主。

花期5~8月，果期7~9月。

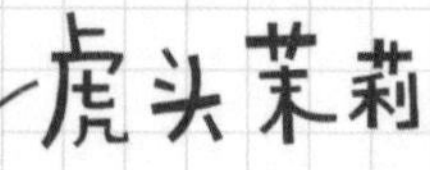

茉莉的一个变异品种，

花瓣饱满，花形特别。

栀子

（茜草科、栀子属）

灌木，花单六瓣，

常见的重瓣品种是：

白蟾（chán）

花大而美丽！

花期3~7月，

果期5月至翌年2月。

白兰

（木兰科 · 含笑属）

常绿乔木，高可达17米，也叫缅桂，

原产印度尼西亚爪哇岛，东南亚，

在我国南方广泛栽培，作行道树、庭院树，

花期4~9月，通常不结果。

茉莉花晒干后可泡茶，

她和绿茶兄是

最清新的茶组合！

再加一点蜂蜜，

轻轻松松调配出一杯

清香的
茉莉蜜茶！

栀子通常用晒干的果实泡茶，

有清热去火的作用，

适合夏季饮用。

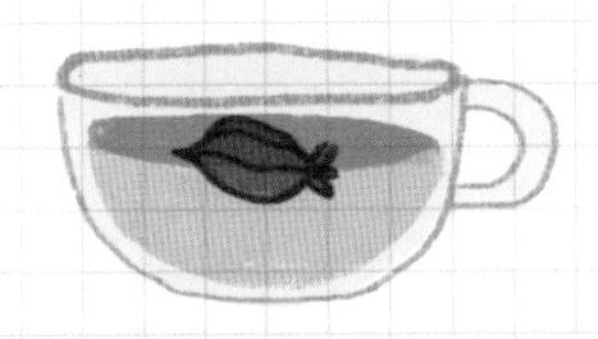

白兰花型优美、花香浓厚，

摘一朵放在身上，

一天都散发着香气。

在夏日的苏州，

会有老奶奶把白兰串成手串、胸花

沿街走巷叫卖。

茉莉饲养要点：

1 茉莉花盆栽为主，
酸性疏松土壤为宜。

2 茉莉花喜水喜光喜肥，
夏季一天浇透一次水，
保证半天日晒，
每周施肥一次。

3 茉莉花败后要及时修剪，
促进二次开花。

4 茉莉花不耐寒，
北方冬季需室内过冬，
并减少浇水。

栀子饲养要点

1 栀子花的习性和茉莉差不多相同，但是浇水不宜过多。

2 盆栽栀子花要保证室内通风，不然容易黄叶。

3 花市上买回来的栀子花，不要着急换盆，等花败后再换，花期换盆会导致花苞脱落。

白兰饲养要点：

白兰属于乔木，北方可以盆栽小苗，室内过冬，如果你在南方，有一个院子，直接种在院里，整个夏天满院花香。

蕨类植物

饲养手册

蕨类植物

全世界有12000多种，

分布十分广泛！

它们喜欢阴暗潮湿的野外环境，

湿地、石缝、树上，

都能看到它的身影，

园艺盆栽蕨类，叶形优美，赏心悦目。

蕨类植物都比较耐阴，

光线不好的房间也可以饲养，

特别适合北向阳台党！

小提醒：

蕨类植物长大之后会生孢（孩）子，

密密麻麻地分布在叶片背面！

（为照顾密集恐惧症患者，配图已美化。）

盆栽蕨类推荐

波士顿蕨

最常见的蕨类植物，美剧《老友记》中莫妮卡的客厅的电视左边有一盆。

钮扣蕨

来自新西兰的“小朋友”，叶片像纽扣而得名。

铁线蕨

好看，但不太好养，推荐搭配吸水石饲养。

狼尾蕨

根茎裸露在外，有白毛，像狼尾巴。

鹿角蕨

蕨类网红，叶片分叉像鹿角，有十几种，二歧鹿角蕨最常见，搭配一块松木板挂墙上，叫：小鹿上墙。

鸟巢蕨

叶片好像事先商量好一样，全部外生长，整体像个鸟巢。

阿波银线蕨

叶脉有非常漂亮的银线。

心愿蕨

叶片心形，也叫心愿叶。

湿度

蕨类植物
喜欢湿润环境，
一旦环境干燥，
叶片就会干枯。

土壤湿度

保持土壤湿润，但不能有积水。

空气湿度

增加空气湿度，可以防止蕨类植物
叶片发黄干枯，最好定期喷水。

Tips:
高湿环境一定要保持通风，
不然很容易滋生细菌病害。

浇水

因为喜欢高湿环境，所以，

正确浇水很重要！

注意事项：

1 浇水时间早晚最佳。

2 尽量要保持盆土基质湿润。

3 可以定期给叶片喷水保持湿度。

4 夏季水分蒸发快，浇水频率要高于冬季。

施肥

蕨类植物主要观赏叶片，对氮肥需求高，建议花多多1号和10号交替使用，一周一次。

光照和温度

大多数蕨类植物喜欢阴凉环境，明亮没有直射光的环境也能生长。

室内饲养，千万不能晒太阳！最好放在北向空间。

除了少数耐寒蕨类，

大多数蕨类喜欢温暖的环境。

适宜的生长温度：20℃～25℃

过冬温度：10℃以上可以安全过冬。

病虫害

常见病害：炭疽病、褐斑病

救治：使用多菌灵、百菌清喷药

常见虫害：蚜虫、红蜘蛛

救治：使用阿维菌素和吡虫啉

网红植物
饲养手册

网红植物Ⅰ前3名：

琴叶榕、龟背竹、天堂鸟。

常见于各种家居照片，

不管是摆在客厅、

书房还是卧室，都十分“文艺”。

这三种植物虽然好看却很难养，

尤其是琴叶榕，

简直是“空盆制造者”。

我认真研究了好久，

制作了这份《网红植物》饲养手册，

希望可以帮到正在发愁的你。

琴叶榕——在房间里种一棵“大树”！

因为叶片很像提琴而得名，

树形挺拔，叶片大而美，

小盆栽可放桌面，

大盆栽可放客厅、卧室，

家居必备！

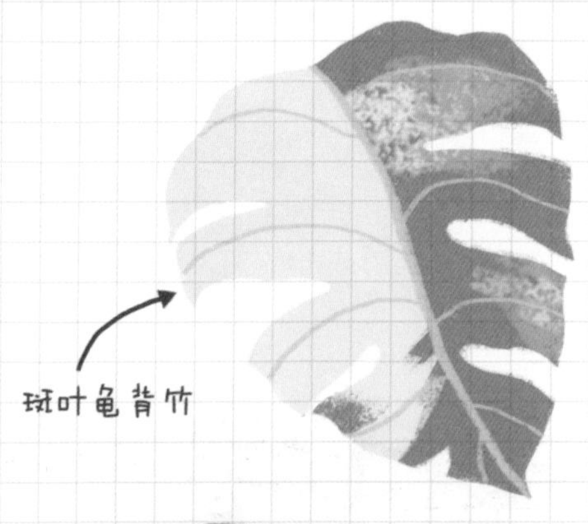

因叶片深裂像龟背而得名，

叶片硕大，墨绿，

可盆栽，也可水培，

放置高处，微微下垂。

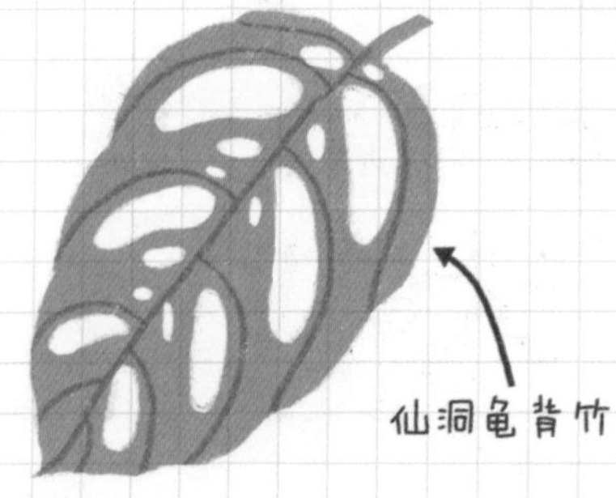

龟背竹

天堂鸟

天堂鸟花朵艳丽，

和极乐鸟的雄鸟很像而得名，

也叫鹤望兰、极乐鸟，

原产非洲，

叶片长圆形，

株形高大，

充满热带风情。

购买小盆栽

要注意这些：

1 琴叶榕小盆栽生长缓慢。

2 小型龟背竹叶片不会开裂。

3 天堂鸟室内养很难开花。

购买超过1米高的大盆栽

要注意这些：

1 要包装原土原盆，减少服盆时间（服盆：植物适应新环境的过程）。

2 不要买新土上盆植株，根系没有充分扎根，很容易死亡。

3 选择靠谱的快递，避免在路上时间太久。

小型龟背竹叶片是心形，也很可爱！

光照和温度

光照需求排名

<

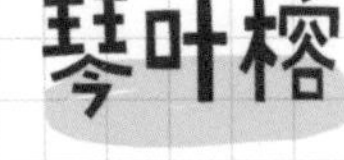

<

天堂鸟

没有直射光的明亮处，光照不好也能生长；

喜光，每天有4个小时光照的阳台最好，不能暴晒；

喜光耐热，室内饲养要注意通风；

龟背竹、琴叶榕、天堂鸟都是南方植物，

适宜生长温度是温暖的25℃~30℃。

10℃：生长缓慢；5℃：停止生长；

冬季室内温度不低于10℃，可以安全过冬。

浇水和施肥

植物在室内饲养，浇水和结合通风环境，
通风好，可以适当多浇水，反之，要减少浇水，
在通风不好的环境，湿润的土壤很容易导致烂根和病害。

水分需求排名

天堂鸟 →	💧	能耐一定干旱
琴叶榕 →	💧💧	不干不浇，一次浇透
龟背竹 →	💧💧💧	保持土壤湿润

室内盆栽土壤少，营养有限，
日常浇水可以配合花多多液肥施肥，
兑水比例：1克肥：1000~2000克水，
春夏一周2~3次，秋冬减少或停止施肥。

你问我答

龟背竹、琴叶榕、天堂鸟都是观叶植物，常见的叶子问题有：

琴叶榕龟背竹新叶变小？

缺肥缺铁

花多多补肥，螯合铁肥补铁

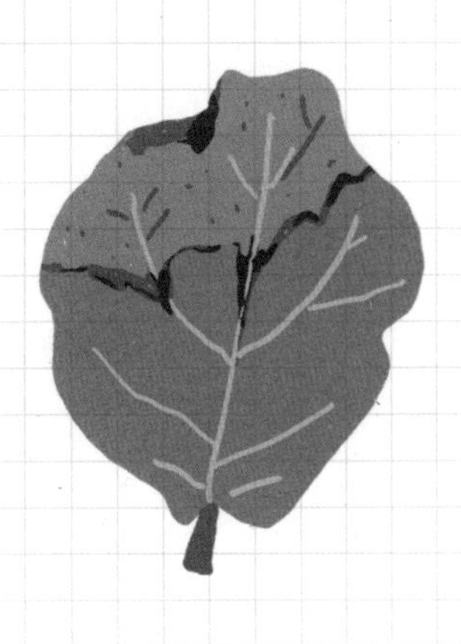

叶片黄褐斑

叶片喷水过多腐烂

叶片黑斑

光照太强，晒伤叶片

琴叶榕叶尖畸变

缺钙

补充钙肥或者加上石膏粉

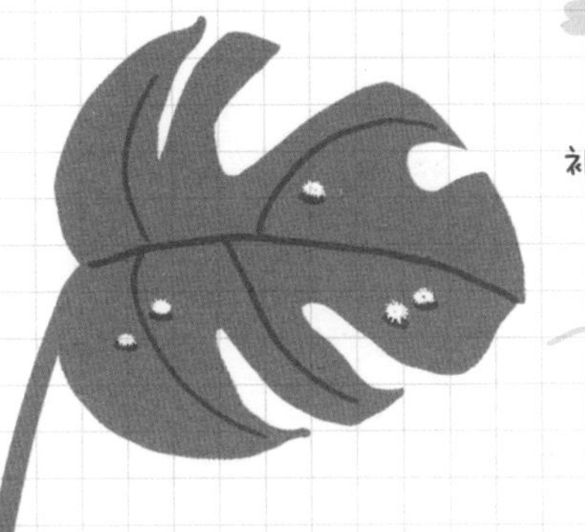

叶片长“白粉虫”

一般是白粉蚧，白醋或酒精擦拭叶片，

虫害严重使用蚧必治；

停止叶片喷水，或者加上适量白醋喷水。

网红植物Ⅱ

日本大叶伞、春羽、散尾葵

在家居照片里也经常看到它们的身影，小到书桌，大到客厅，它们仨都hold住。

至于如何照顾好它们，请收好这篇《网红植物》饲养手册。

日本大叶伞

原产东南亚，

流行于日本的网红植物，

掌状复叶，叶形优美，

文艺气息浓厚，

书桌最佳搭配。

春羽

英文名：Lacy Tree

来自南美洲。叶片羽状深裂，

像一片片绿色的羽毛在盛开。

散尾葵

来自马达加斯加，

株形高大，

一株散尾葵带你

进入热带雨林。

网购指南

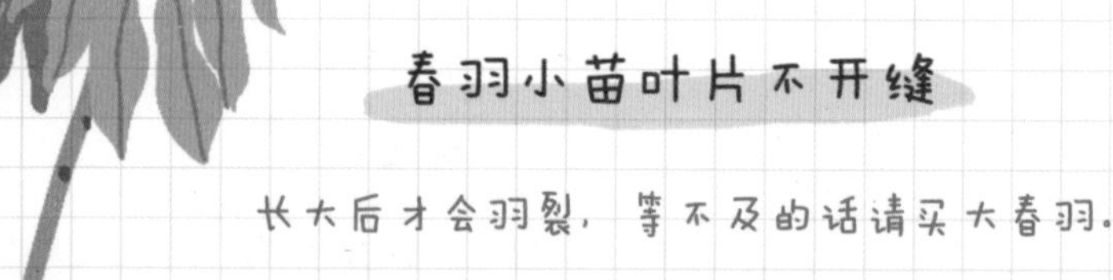

春羽小苗叶片不开缝

长大后才会羽裂，等不及的话请买大春羽。

日本大叶伞 ≠ 澳洲大叶伞

澳洲大叶伞叶形没有日本大叶伞好看，购买时注意区别，小心上当！

如何区分散尾葵和夏威夷椰子

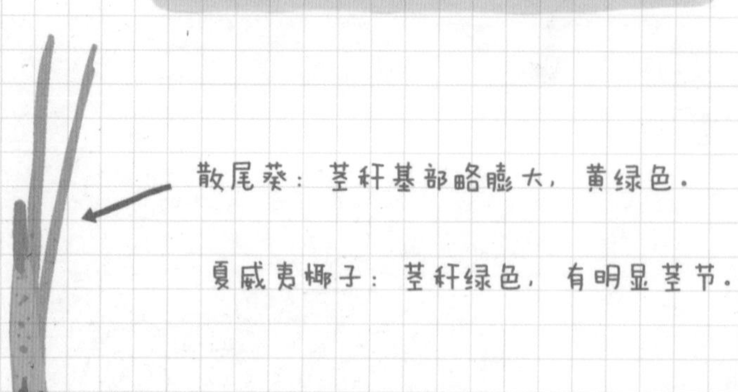

散尾葵：茎秆基部略膨大，黄绿色。

夏威夷椰子：茎秆绿色，有明显茎节。

光照和温度

光照需求排名		
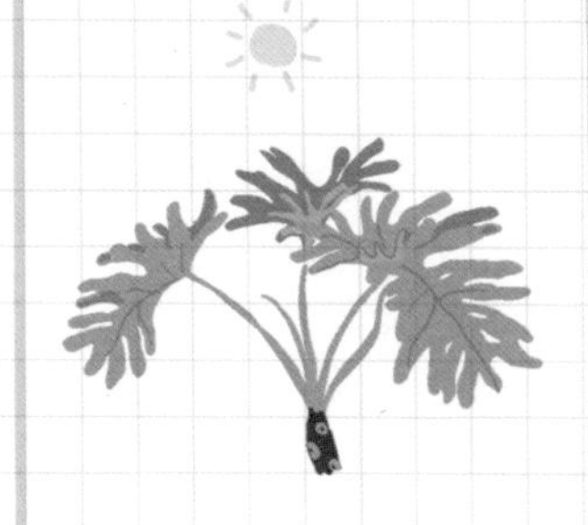	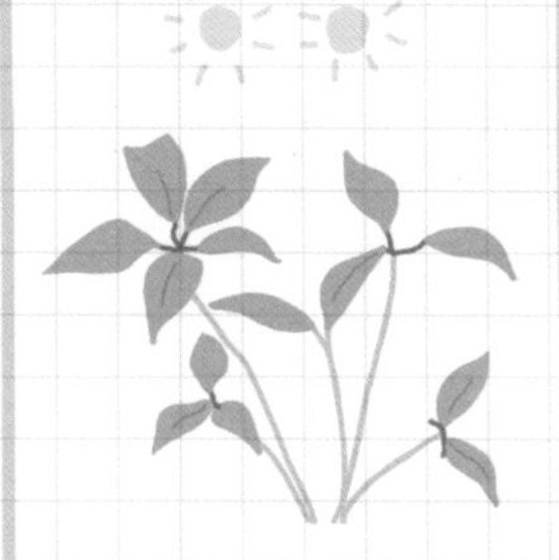	
春羽 短时间内没有光照也能生长，长时间在阴暗处，叶片发黄。	日本大叶伞 具有趋光性，定期转盆，避免长歪。	散尾葵 喜光耐热，室内饲养注意通风。
Tips：这三种植物都喜欢明亮散射光，夏季不能暴晒，暴晒容易灼伤叶片。		

室内饲养：25℃是最佳生长温度，

冬季过冬不能低于10℃。

浇水和施肥

植物在室内饲养，浇水要结合通风环境，

通风好，可以适当多浇水，

反之，要减少浇水，避免烂根和病害。

水分需求排名		
散尾葵		能耐一定干旱，浇水过多容易黄叶。
日本大叶伞	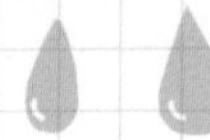	不干不浇，一次浇透。
春羽		保持盆土湿润，叶片可适当喷水，增加湿度。

施肥

底肥：奥绿幻世肥混合基质，一年返施一次。

日常施肥：花多多1号通用肥。

水肥比例：1克肥：1000克水。

施肥频率：一周一次。

你问我答

春羽叶子变黄？

暴晒或浇水过多，叶片都会变黄，结合实际情况检查。

日本大叶伞一直掉叶子？

如果刚买回来，可能是适应期，如果一直掉叶子，可能是暴晒引起，挪至没有直射光的明亮处。

散尾葵叶子发黄？

用手摸一下靠近土壤的茎秆，如果发软，说明已经烂根，如果坚硬，可能是空气干燥导致，需要增加空气湿度。

多肉

—饲养手册—

多肉植物

多肉植物应该每个人都养过，

也许现在你的桌子上、阳台上就有一盆。

很多人的多肉植物刚买回来长得特别好，颜色又美，

自己养一段时间就变得七歪八扭，

到了夏天或者冬天，一不小心就死掉，

所谓的"懒人植物"一点也不省心，

也许，你只是缺少一篇《多肉植物》饲养手册。

分类

多肉植物为什么叫多肉植物？你想过吗？

多肉植物主要是指那些进化出特殊的储水器官的植物，比如肥厚的叶片、膨大的茎枝等。全世界的多肉植物有10000多种，在植物分类学上，隶属50多个科，我们常见的多肉，主要分布在以下科属：

景天科 包括拟石莲花属、景天属、莲花掌属、长生草属等。

番杏科 包括生石花属、肉锥花属、天女属。

独尾草科 主要是十二卷属。

此外还有菊科、大戟科、马齿苋科等等。

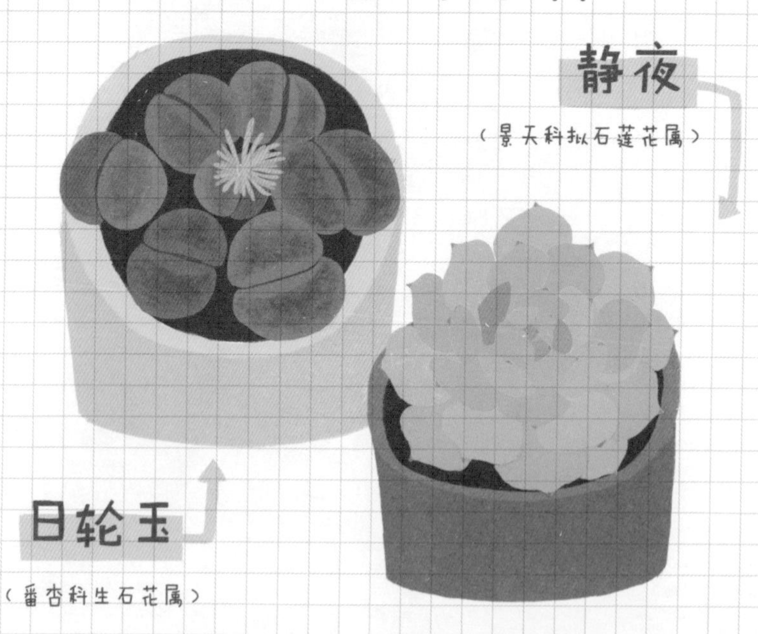

新手推荐

先推荐四种新手多肉，

特点是好养、便宜、死了不心疼。

黄丽

（景天科景天属）

非常皮实，光照充足会变成金黄色。

姬胧月

（景天科风车草属）

也是普货品种，光照良好环境会晒成“宝玉”。

白牡丹

（景天科）

普货中的战斗机，新手练习首选。

虹之玉

（景天科景天属）

也叫玉米粒，在秋冬季节，叶尖透明状，叶片红绿相间，色泽鲜艳，如虹如玉。

网红品种

如果你已经有了多肉饲养经验，可以选择一些网红品种。

桃蛋

（景天科风车草属）

原产墨西哥的稀有品种，叶片肉质丰满圆润，非常可爱。

玉露，独尾草科十二卷属多肉植物中的"软叶系"品种，有草玉露、姬玉露、紫肌玉露等。

紫肌玉露

熊童子

（景天科莲花掌属）

原产非洲，叶片覆盖一层白绒毛，像初生的绒毛小熊脚掌般可爱。

黑法师

原种莲花掌产于加那利群岛，是莲花掌的栽培品种。

网购指南

网购时间

春秋季节是合适的购买时间，夏季炎热，冬季寒冷，都不太适合购买多肉植物。

看清品相

多肉一年四季品相变化大，购买时不要被效果图吸引，一定要问清楚实际品相，避免心理落差。

新手选择

新手不建议购买种子播种，也不建议购买名贵品种，可以选一些“普货”练手。

配土和选盆

多肉配土一般使用泥炭土和颗粒土，

泥炭是不可再生资源出于环保可以使用椰糠代替。

颗粒土种类很多，比如火山岩、赤玉土、轻石、

麦饭石、绿沸石等等，选择合适的即可。

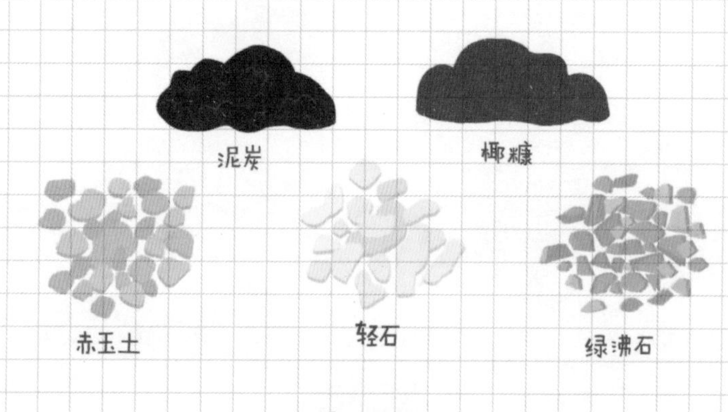

选盆

优先选择疏松透气的陶盆，

比如粗陶、红陶，花盆盆底一定要带孔，

避免积水烂根。

光照和浇水

光照

多肉喜光，每天至少要保证两个小时以上的光照，夏季光照强需要遮阳，光照不足会导致多肉徒长。

浇水

多肉肉质叶片，相对耐旱，不同地域不同季节不同品种，浇水量都不一样，如果叶片出现褶皱、发软，一般是缺水的信号，可以进行浇水。

浇水选择傍晚，叶片叶心如果沾水，一定要及时吹干或擦干。

通风和温度

通风

通风对于多肉生长非常关键，很多人露养的多肉生长很好，就是通风环境好，封闭的阳台，空气不流通，很容易导致病害，建议使用小风扇增加通风。

温度

10℃~30℃是大部分多肉最佳生长温度，低于0℃会出现冻伤，高于30℃开始休眠。个别多肉品种比较耐寒，比如景天属和长生草属，能耐-15℃低温。

夏季一定要把多肉放在阴凉通风环境，不然高温封闭环境，多肉就像蒸桑拿一下，很快会死亡。

组盆和叶插

组盆

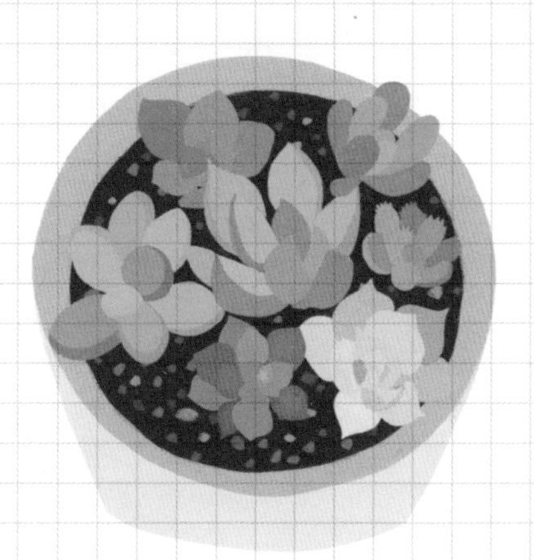

多肉组盆是指把不同颜色、形状的多肉种在一个花盆里，营造非常好的视觉效果。组盆原则：

1.不同科的多肉，生长习性差异大，组盆之前要了解清楚。

2.尽量选择生长速度相近的品种，避免某种多肉疯狂生长。

叶插

叶插是多肉最常用的繁殖方式，不小心碰掉的叶片，可以收集起来，平铺在湿润的基质上，保持基质湿润，1~2周就会长出小多肉，等小多肉长大，再移栽到花盆里。

病虫害

病害

化水→ 多肉在极端环境下浇水后，会出现化水情况，叶片变透明，一碰就掉。

救治→ 摘掉化水叶片搬置阴凉处，自行恢复。

预防→ 夏季控水、通风，避免忽冷忽热环境。

黑腐→ 多肉癌症，一旦发生，可能一夜一命呜呼。

救治→ 砍头，砍到茎干没有黑色为止，涂抹杀菌剂晾干后上盆。

预防→ 控水、避雨。

虫害

以蚧壳虫、蚜虫、小黑飞为主，一旦出现，用清水冲洗，并及时擦干叶片，虫害严重使用蚧必治。

香草植物篇

百里香

—饲养手册—

介绍

英国有一首古老的民歌，叫《斯卡布罗集市》，里面有句歌词，

Are you going to Scarborough Fair

（您正要去斯卡布罗集市吗？）

Parsley, sage, rosemary and thyme.

（欧芹，鼠尾草，迷迭香和百里香）

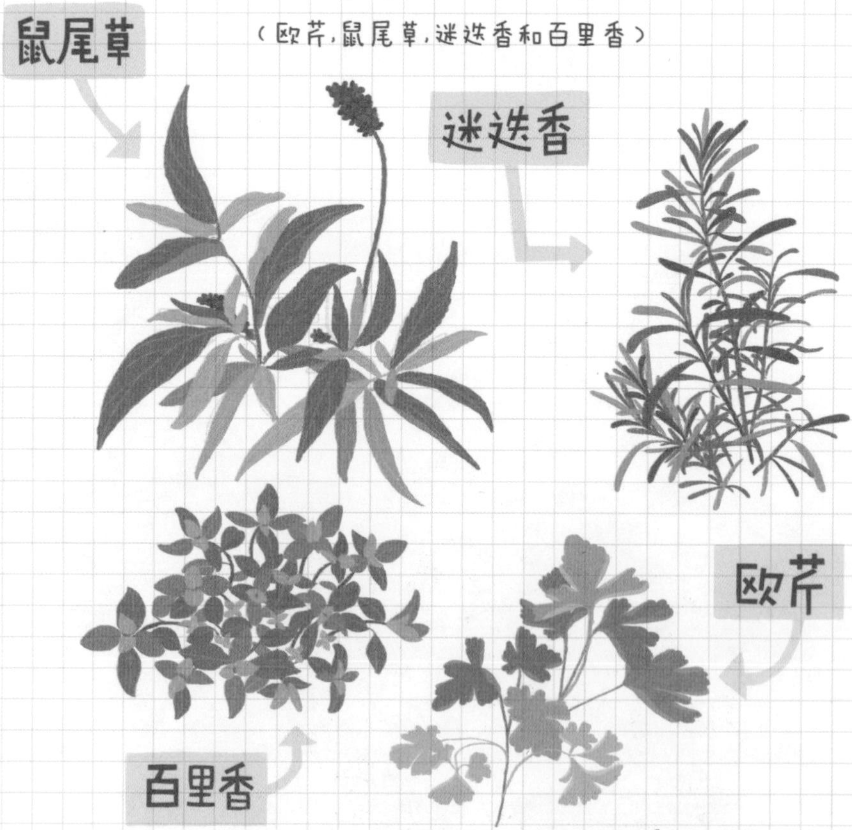

鼠尾草

迷迭香

欧芹

百里香

这四种植物是最常见的香草，其中，百里香应该是最好养的一种。百里香的花语是“勇气”，在欧洲中世纪，人们会把百里香赠予出征的战士。至于百里香的味道，有一个更好听的名字，叫：破晓的天堂。

品种

百里香品种，国外经常作为铺地植被，

不同品种的叶片和味道也不一样，简单介绍一下：

柠檬百里香

有着柠檬一样的气味，

叶片四季常绿。

斑叶百里香

叶片有不规则白斑。

金边百里香

柠檬百里香的金边

品种，低温出现，

高温消失。

法国百里香

食谱里最常用的百里

香品种，叶片细小。

阔叶百里香

叶片薄而大，
气味较单。

小叶百里香

叶片比法国百里
香还小，更密。

英国百里香

叶片比法国百里香大，
叶色更绿，生长较快，
味道较淡。

百里香“山谷晨光”

日本品种，柠檬香型，叶片随着温度的
变化，会有绿、黄、粉等差异，非常迷人。

购买指南

目前百里香以网购为主，
新手建议直接购买小苗。

购买建议

1 百里香属于香草，建议选择以销售香草植物为主的店铺购买。

2 购买之前可以问一下老板一些苗情和养护方法，一般自己养的植物，习性会非常熟悉。

3 问清发货地，以及发货时间和快递，尽量减少植物在路上的时间。

4 如果时间允许，尽量在春秋季节购买，夏天天气炎热，不建议购买。

日常养护

1 基质

百里香喜欢排水良好的基质，不然根部容易积水而死。

2 光照

喜光，但耐热性较差，夏季不能暴晒。

3 浇水

在保证排水良好的前提下，不干不浇，一次浇透。

4 施肥

使用花多多液肥即可。

5 耐寒

百里香十分耐寒，冬季低温-10℃以上，可以安全过冬。

播种和分株

百里香也可以用种子播种，

前提是你可以买到真正的种子。

播种度温

20~25℃发芽率最高

播种时不建议覆土，将种子撒在湿润的基质上，

轻轻压实，保持基质湿润，一周左右发芽。

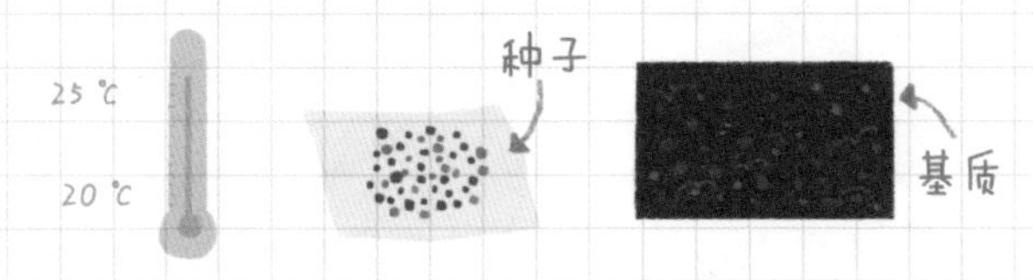

除了播种，你也可以用压条法进行繁殖，

介绍一下步骤：

1 挑选健壮的百里香枝条，将其埋入基质中；

2 等生根后，连带着基质一起挖出，重新栽种到花盆里。

病虫害

据我的饲养经验，百里香病虫害较少，

病害主要是因为基质太湿，导致根部腐烂，进而产生各种病害。

首先要选择排水良好的基质，盆栽建议底部用陶粒排水，

其次，选择干净卫生的基质，健康的小苗，以防发生病害。

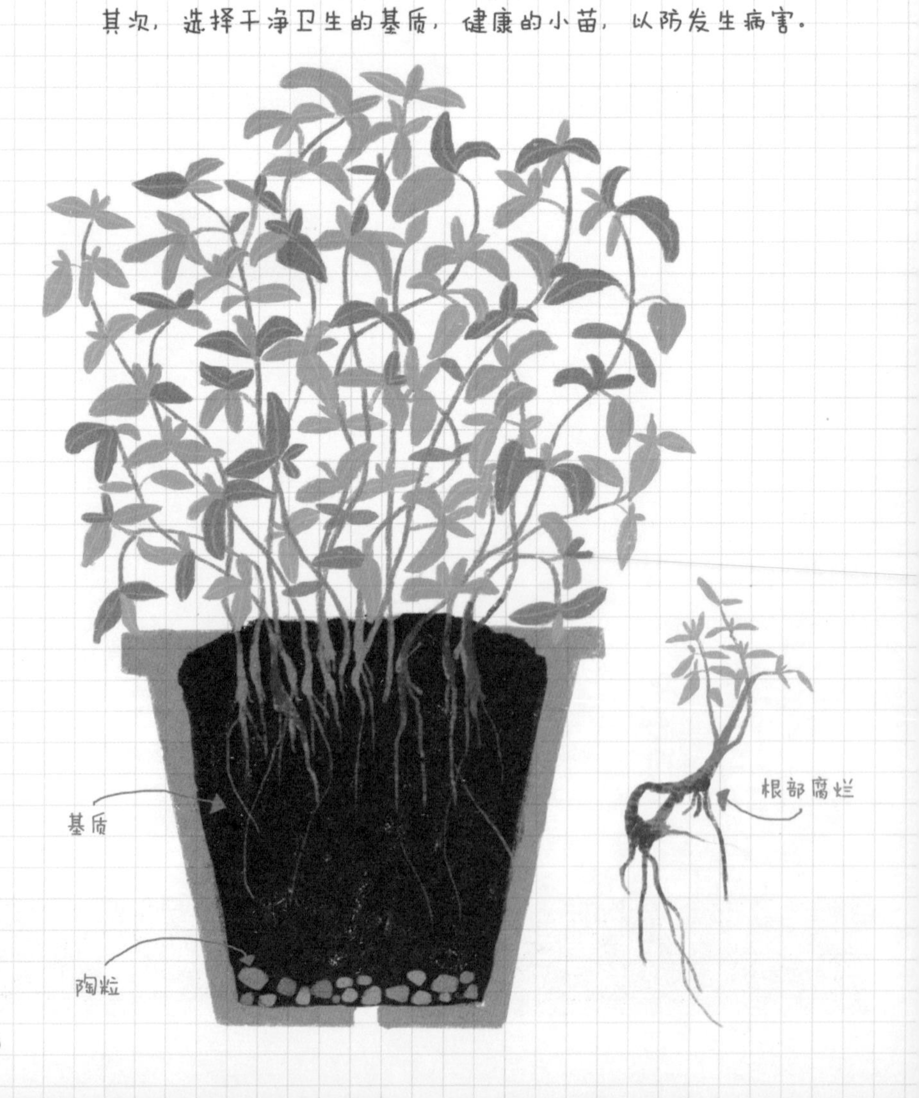

美食

百里香作为香草，用途非常广泛，可用以烹调，也可冲泡成花草茶。推荐两种用法：

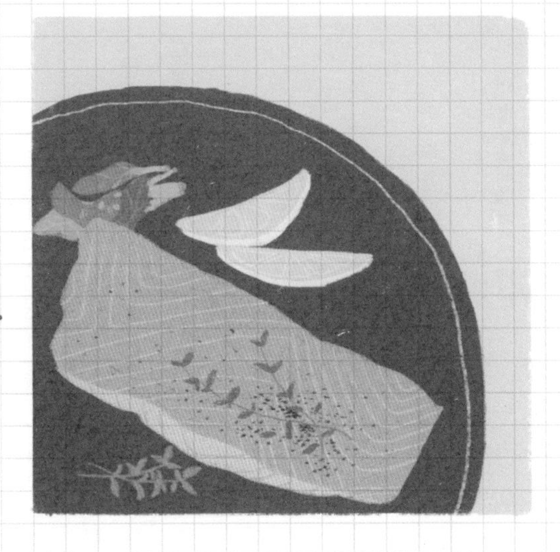

1 百里香冰茶

用料：

做法：

1.剪几支新鲜的百里香枝条，剪成小段；

2.取一个冰盒，将百里香放入冰格，加水放入冰箱冷冻；

3.冰块冻好之后，接杯纯净水，直接放入冰块，就可以饮用啦。

2 百里香三文鱼

用料：

做法：

1. 将三文鱼去皮，加入少量盐、胡椒粉、百里香腌制60分钟；

2. 锅中加少许油，慢火将三文鱼两面煎制金黄；

3. 水中加少许食盐和橄榄油，将菠菜轻烫一下即可出锅；

4. 盘中以新鲜的百里香打底，将三文鱼盛出摆盘，在菠菜上撒少许松子提香，还可依据口味切几片柠檬调味。

薄荷

—饲养手册—

薄荷

（别名：野薄荷、南薄荷、夜息香、野仁丹草、水薄荷、土薄荷、鱼香草……）

多年生香草植物，全株有香味，气味独特。我国各地都有栽培。只要浇水晒太阳就可以生长，属于养不死系列植物。

一株薄荷的组成：

花：淡紫色
花期7~9月

叶：披针形
有气味

茎：四棱形

薄荷品种

薄荷大家族约30多个品种，都带有薄荷的味道。我们常见的是这三种：

薄荷

带有凉性，含有薄荷脑，常被添加到牙膏和薄荷糖里。

留兰香

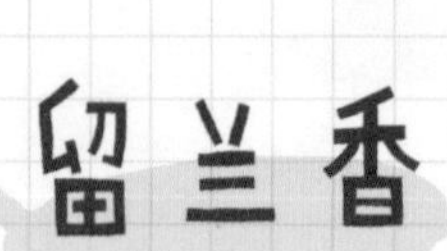

（香味更浓，被人们花式食用的也是它。）

皱叶留兰香

（叶片比较皱）

网上能买到的薄荷有很多种，我自己就养了十几种，味道都不一样（别问我是怎么知道的……），而且名字很奇怪，有些以**国家**命名，比如：

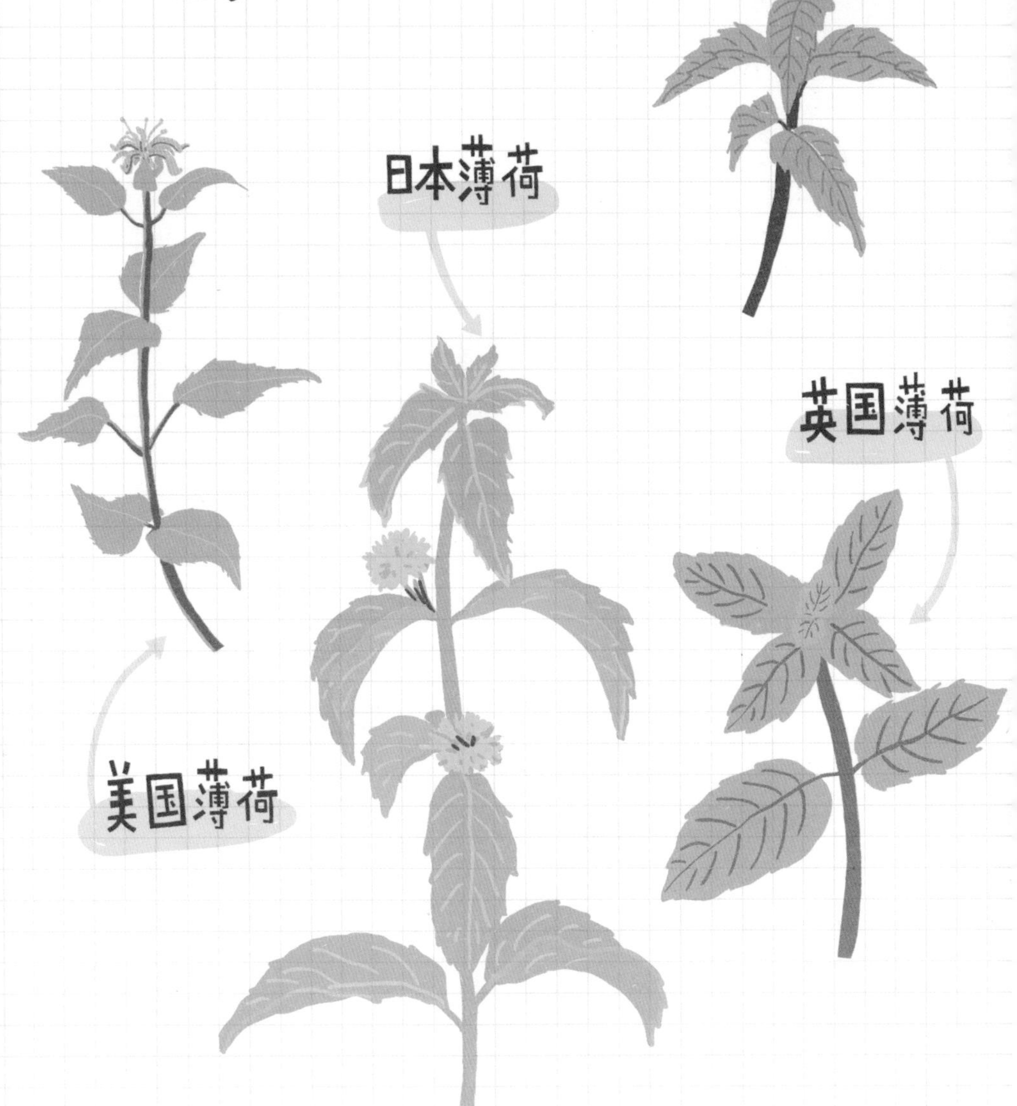

有些则以**水果**命名，比如：

苹果薄荷

凤梨薄荷

葡萄柚薄荷

还有一种猫薄荷（法式荆芥"六巨山"）

猫吃了会异常兴奋四处打滚，如果你养了猫，不妨来一盆！

播种

1 将椰糠、蛭石放入花盆。

2 将薄荷种子均匀撒入，覆薄土。

3 将花盆浸透水，放置室内明亮处等待发芽。

4 发芽后就可以晒太阳，正常浇水啦！

扦插

1 剪取健康薄荷枝条，老枝条最好。

2 将枝条剪成3~5厘米枝条，每段都有1对叶片。

3 将枝条插入准备好的湿润的椰糠蛭石基质里，放置通风阴凉处，保证基质湿润，一周后薄荷就会生根发芽。

Tips

薄荷会长出匍匐根状茎，剪掉浅埋在花盆里，也能长出一盆新薄荷。

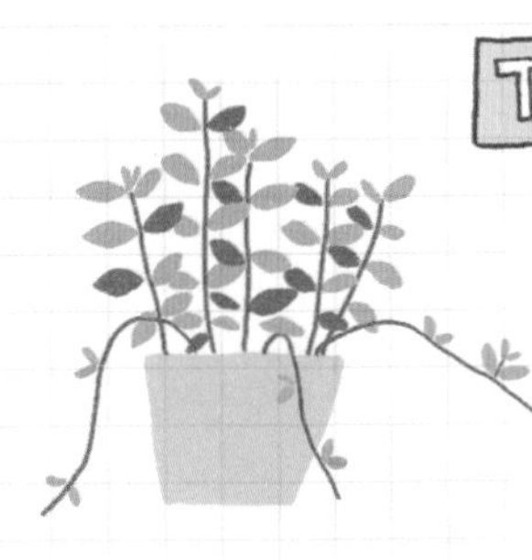

如何养好薄荷

那些把薄荷都能养死的同学，重点来啦！

养好薄荷的三大要点：大水、大肥、大太阳！

薄荷喜阳，所以放在室外最好，室内也要放在能晒到太阳的地方，并保证通风。

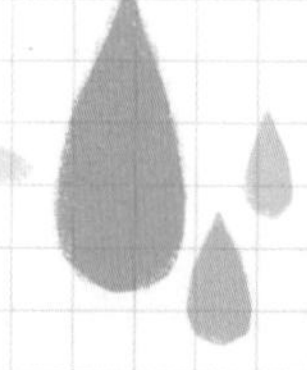

如果你的薄荷每天可以晒6~8小时太阳，需要早晚各浇透一次水。

1号肥

薄荷喜肥，花多多1号液肥稀释1000倍使用，水肥共施，三次液肥，一次清水。

薄荷修剪

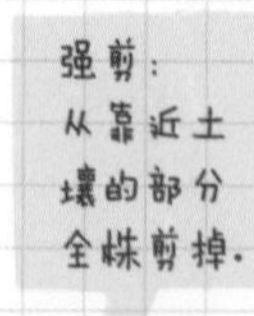

薄荷不怕修剪，除了日常剪叶食用外，如果你的薄荷徒长、株形不好、有病虫害，都可以通过强剪来促发新的健康枝条。

如何救薄荷

薄荷晒蔫怎么办?

补水。

薄荷黄叶怎么办?

补肥。

薄荷黑叶黑茎怎么办?

剪掉或使用多菌灵。

薄荷长得细长怎么办?

徒长，增加光照。

薄荷生虫怎么办?

清水冲洗虫子，

严重使用护花神。

薄荷长得不好看怎么办?

全部剪掉重新发芽。

薄荷饮品

饲养薄荷为了什么?

当然是为了做高颜值饮品!初级吃货直接用薄荷泡茶。

高级吃货可以做:

莫吉托

薄荷+淡朗姆酒+细砂糖+苏打水+青柠汁

冰薄荷柠檬水

薄荷+柠檬+冰块+蜂蜜

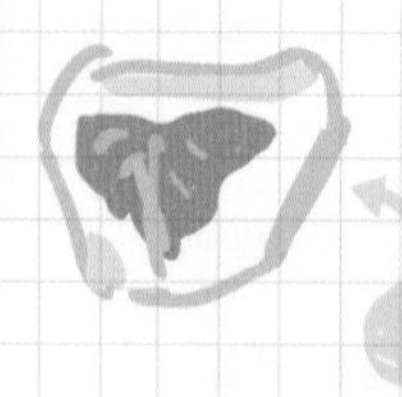

薄荷冰块

采摘新鲜薄荷叶洗净,一片一片放入冰格,倒入纯净水,放入冰箱冷冻室。

这样,炎炎夏日,随时都能喝上一杯薄荷冰水了!

迷迭香

— 饲养手册 —

初识迷迭香

迷迭香，

最常见的香草植物，

原产地中海沿岸，

现在世界各地广泛栽培。

迷迭香还有一个英文名是：

dew of the sea

（海水之露）。

这个名字听起来充满了想象：

清晨的地中海，海风吹拂，悬崖上长满了迷迭香，

迷迭香的叶子上，沾满了晶莹的露珠。

对了，迷迭香的花语是回忆。

迷迭香品种

迷迭香是唇形科常绿小灌木，全株具有香味，

迷迭香栽培历史悠久，品种多，常见的有直立型和匍匐型。

直立型迷迭香

直立型迷迭香以观叶为主，

不易开花，适合盆栽。

匍匐型迷迭香

匍匐型迷迭香很容易开花，

花色有白粉蓝紫，适合垂吊。

如何养好迷迭香

迷迭香原产地中海沿岸，

属于典型的地中海气候，

夏季炎热干燥、冬季温和多雨，

而我国是夏季炎热多雨，冬季寒冷干燥，所以，要注意以下几点：

1 光照要充足，

不能放在半阴环境下。

2 夏季雨多别积水，

选择排水好的沙壤土。

3 户外过冬，

温度不能低于-5℃盆栽

建议室内过冬。

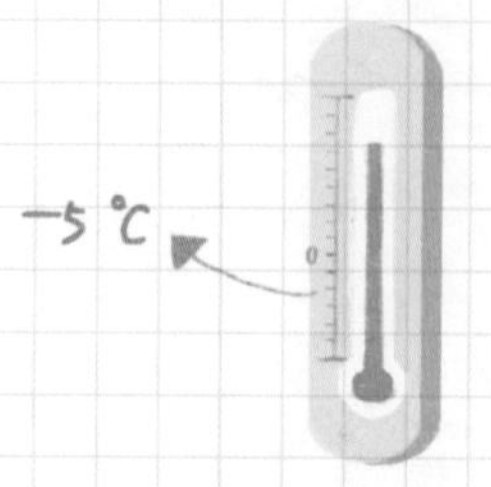

播种或网购

迷迭香，可以用种子播种，但是长得很慢，也很容易死，所以，新手不建议尝试。网上有很多香草店，直接购买迷迭香苗就可以。

网购技巧：

1 直立和匍匐，建议选适合盆栽的直立品种。

2 购买之前问清楚小苗规格大小，一般小苗越大，越容易成活。

3 种好后的迷迭香，阴凉处缓苗一周后，再正常接受光照。

配土比例和选花盆

迷迭香耐旱不喜水，夏季多雨，

要选择排水好的基质种植。

基质配方

园土：草炭：椰糠：蛭石=1：0.5：1：1

可以加入适量的缓效颗粒肥

一定不要直接使用黄土！！！

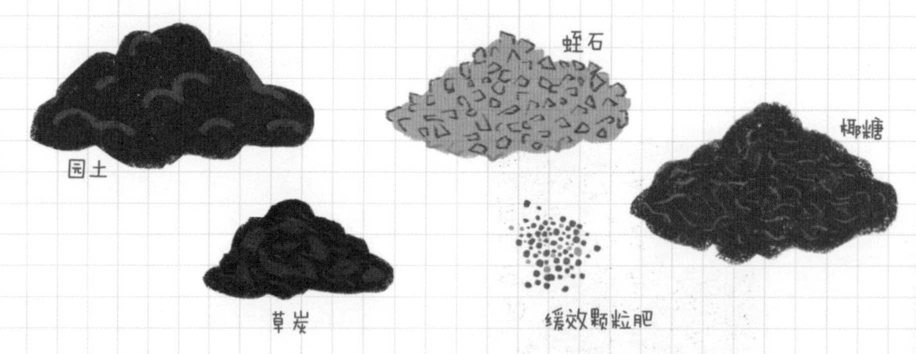

花盆

优先选择透气性好的陶盆，

其他花盆也可以，

但是，必须保证花盆底部有孔。

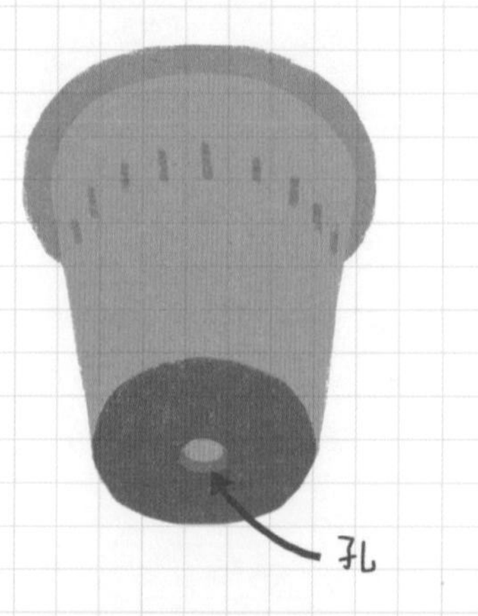

日常照顾

1 光照

最好可以放室外，其次是室内朝南阳台，没有光不行。

2 浇水

不干不浇，一次浇透。

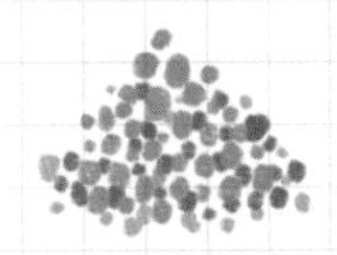

3 施肥

春秋各施一次肥就可以，推荐缓效颗粒肥。

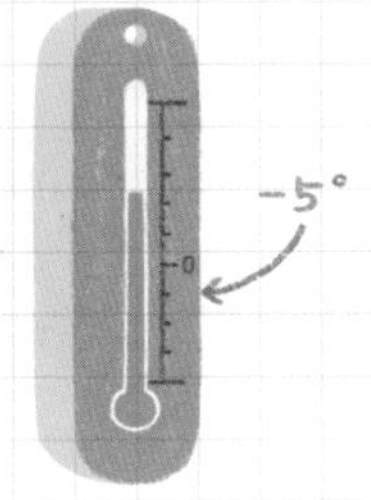

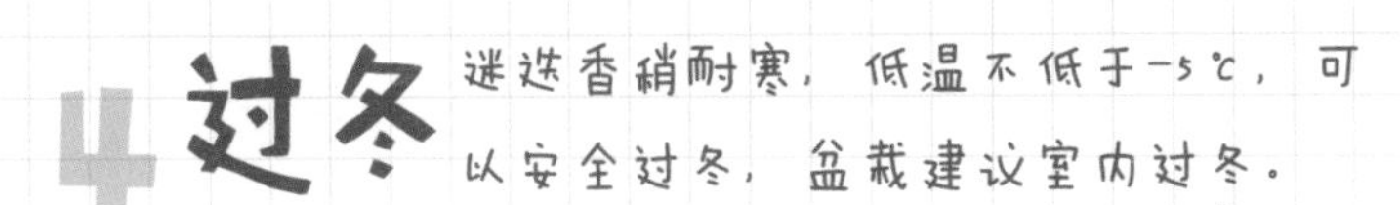

4 过冬

迷迭香稍耐寒，低温不低于-5℃，可以安全过冬，盆栽建议室内过冬。

迷迭香用途大搜罗

迷迭香作为香草植物，提神醒脑驱蚊虫，用途超级多：

闻 → 迷迭香叶子含有大量油脂，轻轻揉捻，会散发松木味道，安神醒脑。

晒 → 夏天剪一把迷迭香，平铺在麻布上日晒，会散发出迷人香味。

烧 → 晒干的迷迭香枝条，还可以放入香炉焚烧，做熏香。

还可以买迷迭香味的香氛用品，比如迷迭香精油、香水、纯露等。

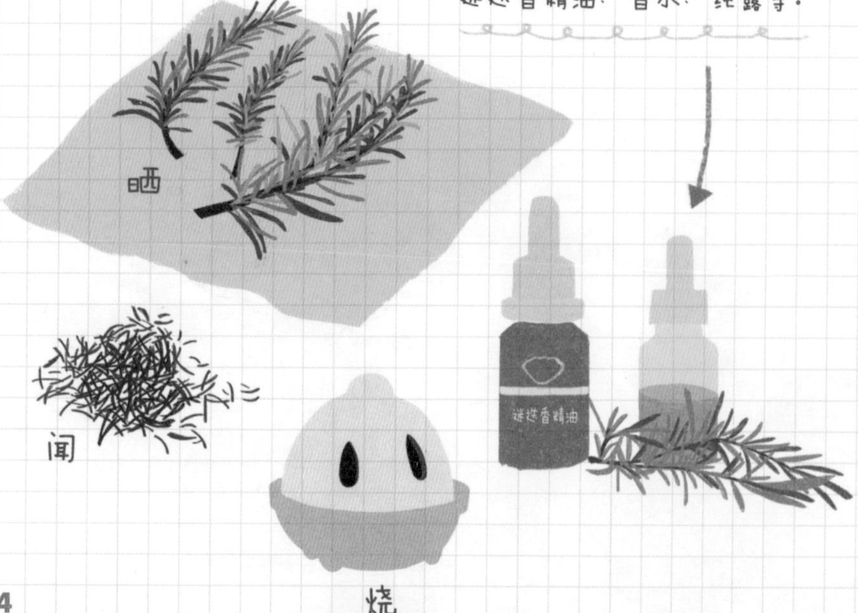

美食

除了一些简单的用法，迷迭香还可以食用，

国外各种料理里，你都可以看到迷迭香的身影。

比如

↓

迷迭香煎牛排

迷迭香煎带鱼

迷迭香烤土豆

另外，

不管是新鲜的迷迭香叶，

还是晒干的叶子，

都可以直接泡花茶，

炎炎夏日，

可以做一杯迷迭香薄荷柠檬水。

尤加利

— 饲养手册 —

介绍

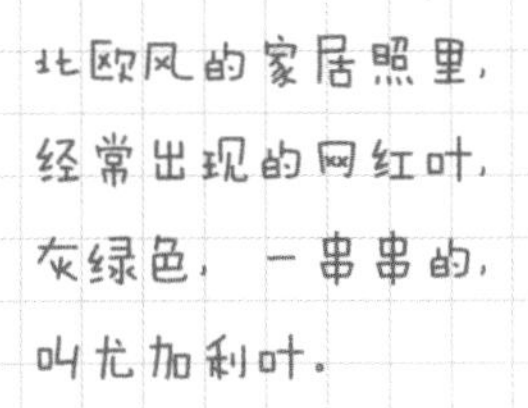

北欧风的家居照里，
经常出现的网红叶，
灰绿色，一串串的，
叫尤加利叶。

尤加利是Eucalyptus
的音译，中文学名
叫桉树。

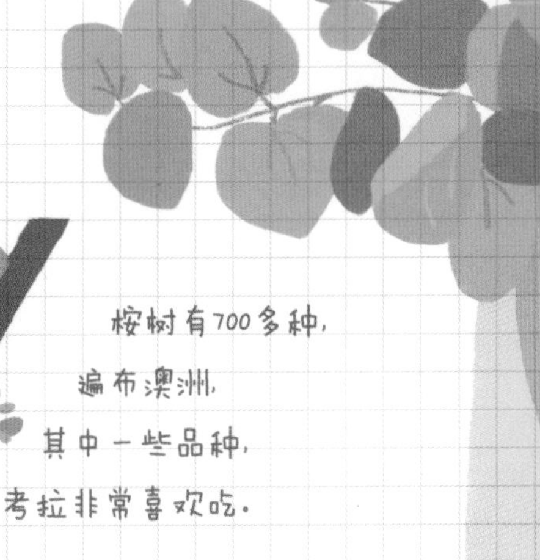

桉树有700多种，
遍布澳洲，
其中一些品种，
考拉非常喜欢吃。

大部分桉树都带有气味，
有些品种适合做成精油，
另外还有一些品种，因
为叶形独特，被培育成
园艺品种，比如银元桉，
银水滴等等。

如果你想养一盆尤加利，
先收好这篇饲养手册。

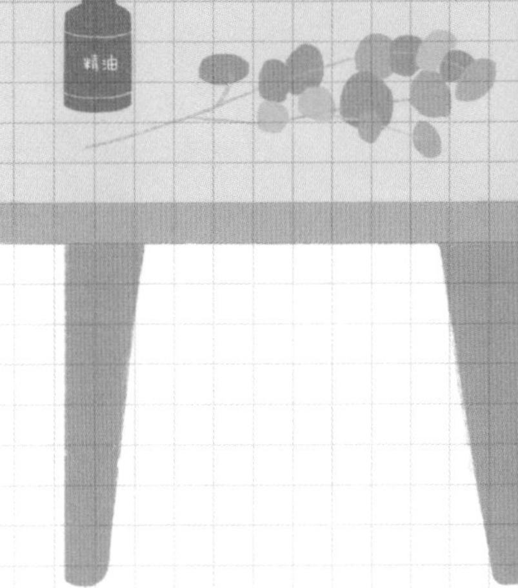

品种推荐

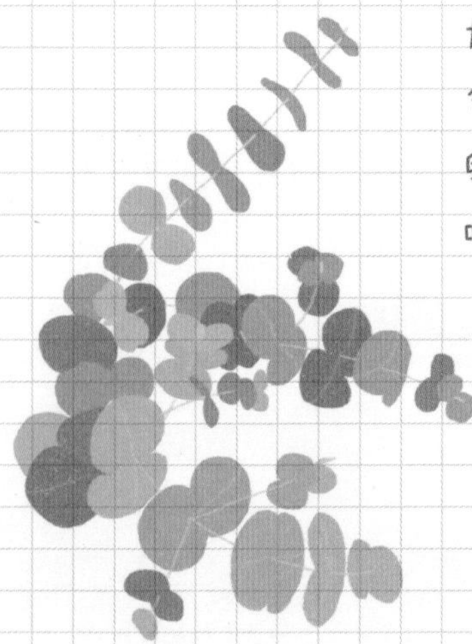

尤加利虽然有那么多品种，但能当网红的不多，网上最流行的是一种尤加利，叶圆形或卵形银灰色，因为没有统一的中文名，所以叫法比较多：圆叶桉、银叶桉、银元桉等。

圆叶桉 银叶桉 银元桉

另外还有一种比较奇特的圆形叶，长这样：没有叶柄，叶片以茎杆为中心生长，叶片死亡脱落时，会在空中旋转，所以叫自旋桉。

心叶桉

叶缘前端有凹陷，似心形。

冈尼桉 银水滴

也叫古尼桉，叶形卵形，也是银灰色。

品种推荐

多花桉

（Eucalyptus Polyanthemos）

比较常见的品种，叶片较大，国外叫：Red Box。

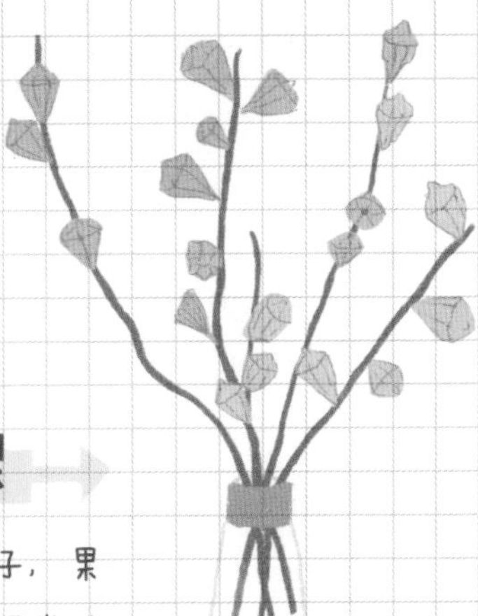

尤加利果

尤加利除了叶子，果实也非常具有观赏性。

柠檬桉

叶片带有柠檬的味道。

尤加利月亮湖

原产澳洲西部，抗旱能力强，叶片菱形，灰蓝色。

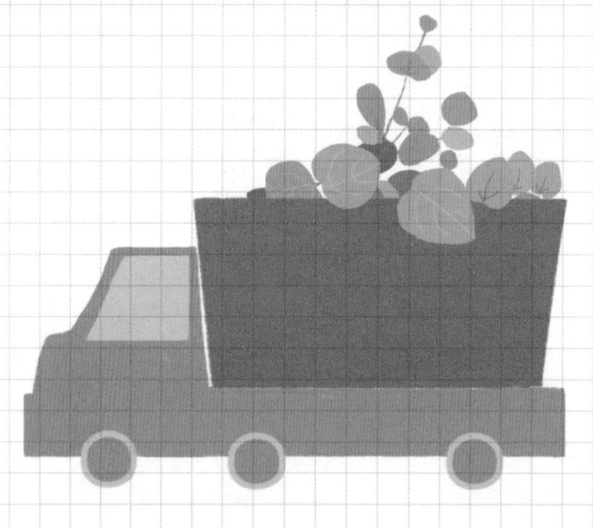

购买指南

1 新手如果想养尤加利，建议直接购买一加仑苗，品种有圆叶桉和冈尼桉，株型大小不同，价格各不一样。

2 如果想拥有更多品种，可以尝试购买种子播种。

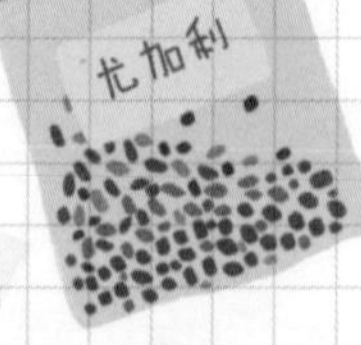

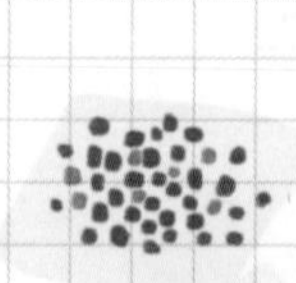

尤加利种子

3 选择种子一定要慎重，优先选择进口避免买到假种子。

4 一次不要买太多，等掌握经验之后再尝试其他品种。

播种

再次提示，尤加利播种难度较高，即使发芽之后，

前期生长缓慢，如果你打算播种，要做好心理准备。

1 播种时间

夏季播种为主，温度在25℃左右，利于发芽。

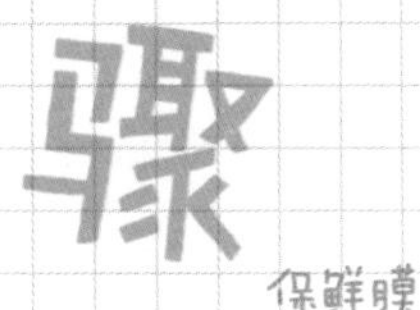

2 浸种催

用纸杯浸泡种子催芽。

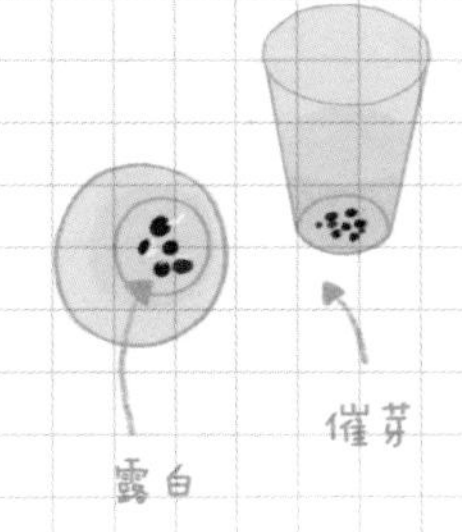

3 播种

等种子露白之后，就可以取出播种，基质建议用蛭石，可以在花盆口裹一层保鲜膜，保温保湿。

发芽之后，先不要见太阳，在光线明亮的地方养一段时间，再逐渐接受光照，进行正常养护。

饲养

光照

喜光，在光照充足的环境生长迅速，但是要根据苗情和日照强度来操作。

一般播种苗，每天晒4小时左右即可，光照太强需要遮阳，如果是一加仑苗，每天正常接受光照都可以。

浇水

桉树俗称抽水机，生长期对水分需求大，一旦缺水，就会发生不可逆的死亡，所以浇水非常关键。

夏季生长季，尤其是户外盆栽，早晚都要检查是否缺水；春秋季节，也要保持盆土湿润；冬季生长缓慢，尽量保持盆土干燥，避免根部腐烂。

施肥

如果是播种苗，发芽之后不要施肥，等长出3~4对真叶之后，再开始施肥，花多多1号稀释2000倍，一周一次。

如果直接购买一加仑苗，每次浇水，配合使用1000倍花多多1号，生长迅速，施肥三次，浇清水一次。

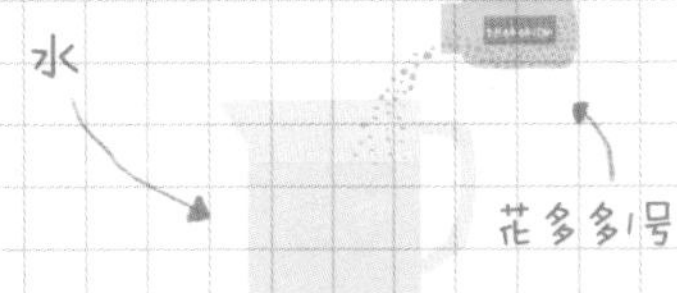

稀释花多多1号2000（或1000）倍

过冬

尤加利不耐寒，冬季尽量搬回室内照顾，并减少浇水施肥，在0℃以上环境，可以安全过冬。

修剪

春秋季，可以把尤加利底部枝条修剪，避免养分消耗。

施肥三次

浇清水一次

插花

如果你拥有一盆尤加利，可以定期剪掉一些枝条，进行插花观赏，也可以送人哟。

提神

春困秋乏的时候，可以摘几片尤加利叶揉搓，闻其味，以达到提神的目的。

鼠尾草

—— 饲养手册 ——

鼠尾草

鼠尾草在香草植物里是一个很大的家族，

也是花园里不可或缺的植物，

鼠尾草的学名salvia，在拉丁语里有拯救治愈之意，

说明人们很早就开始药用鼠尾草，

除此之外，有些鼠尾草可以做料理食用，

还有一些是观赏性为主。

真假薰衣草

鼠尾草经常被用来冒充薰衣草，原因有二：

一是薰衣草花期短，需要鼠尾草来填补庄园的无花期；

二是薰衣草适应性较差，只有新疆伊犁比较适合，其他地方很容易养死。

相比之下，鼠尾草的适应性非常好，花期长，适合观赏。

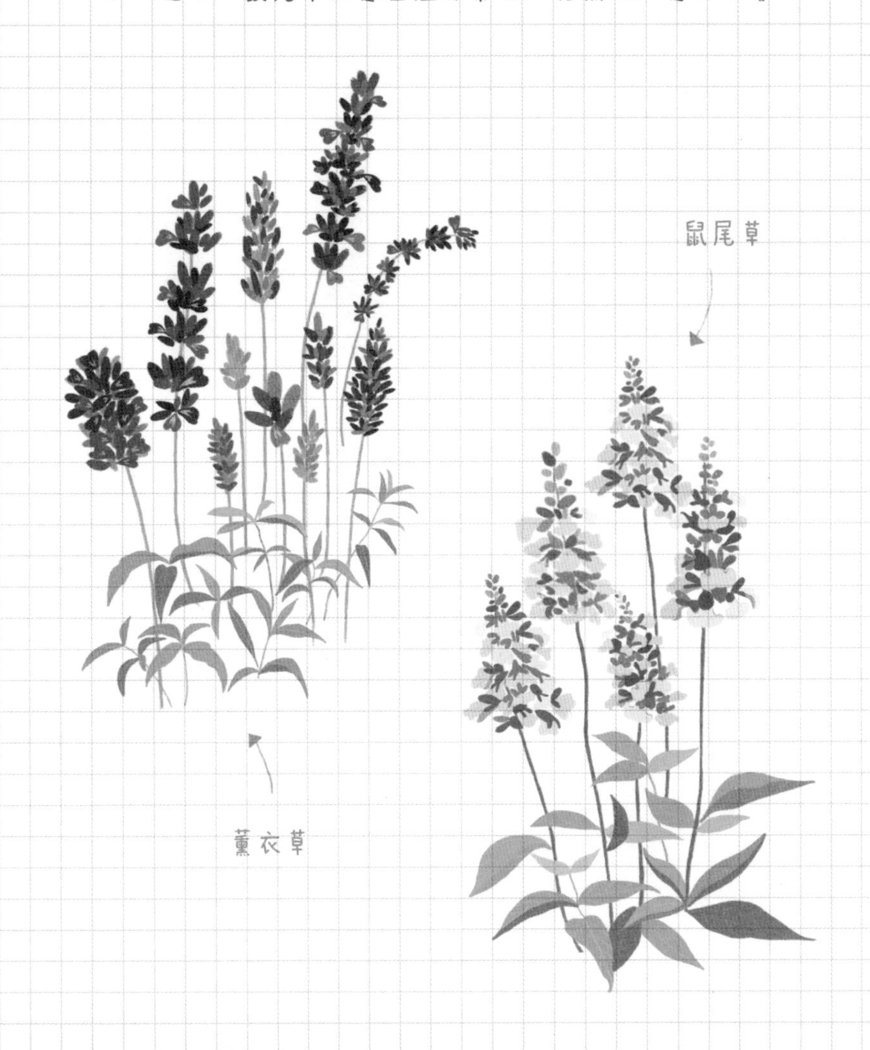

品种

鼠尾草有很多品种，有些可以做料理食用，有些可以泡茶药用，还有一些是观赏性为主。

给大家介绍一些园艺品种：

蓝色阿多拉

（Adora Blue）

艳后

（Fairy Queen）

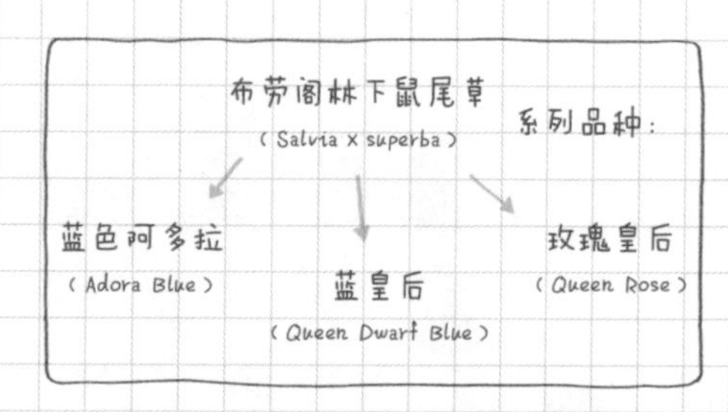

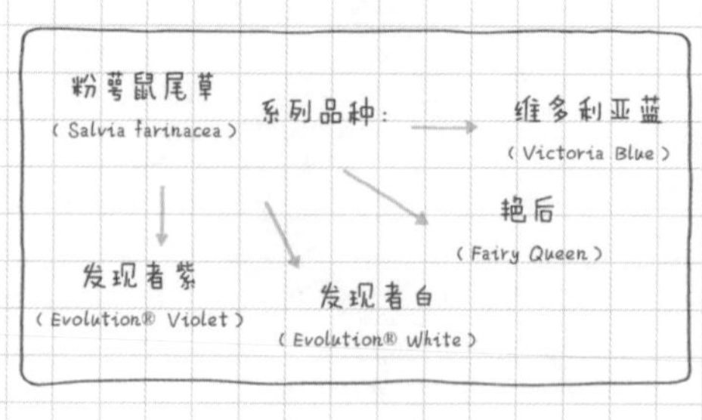

天蓝鼠尾草

国内比较常见的品种，非常好养，不过直立性较差，需要经常修剪，不然会“东倒西歪”。

深蓝鼠尾草

（Salvia guaranitica 'Black and Blue'）

朱唇夏之宝石系列

非常漂亮的一个系列，有红白粉紫四个颜色，推荐粉色，粉到少女心都要碎了。

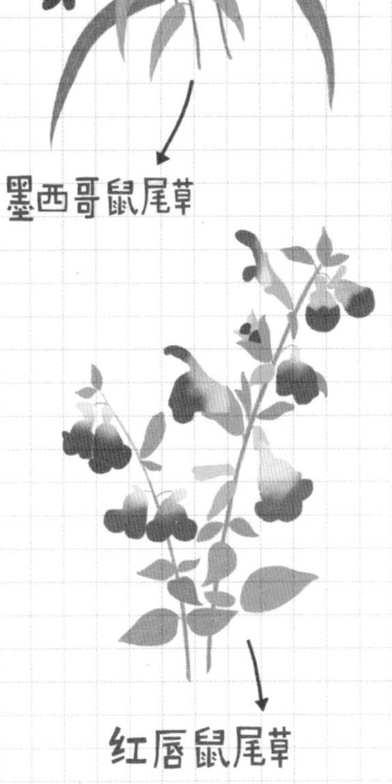

墨西哥鼠尾草

红唇鼠尾草

Salvia 'Hot Lips'

非常漂亮的品种，国内有时候也叫樱桃鼠尾草。

水果鼠尾草

叶片有水果的味道，国内也比较常见

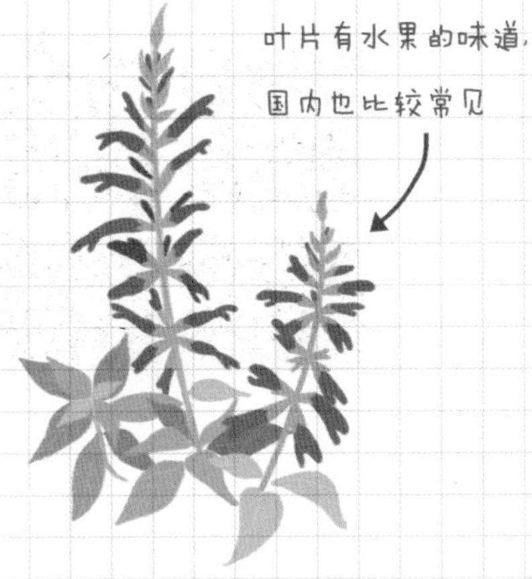

网购指南

1 确定你想养的品种，选择靠谱卖家购买，必要时可以使用拉丁文检索。

2 新手建议建议购买小苗，购买时除了开花效果图，还要看清小苗规格。

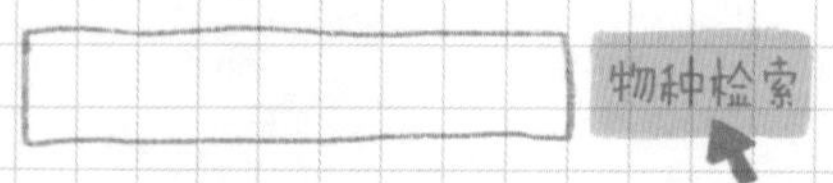

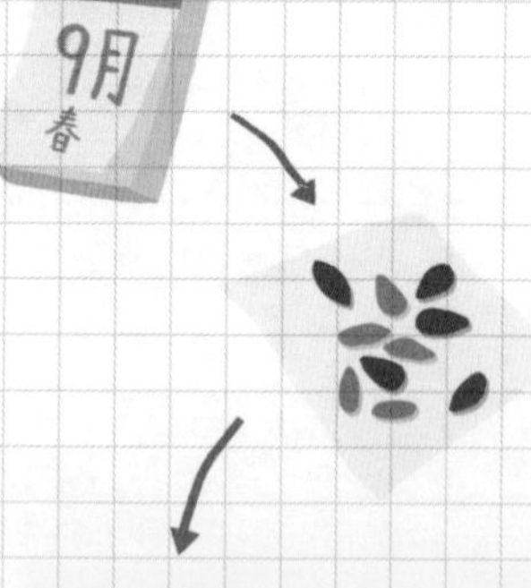

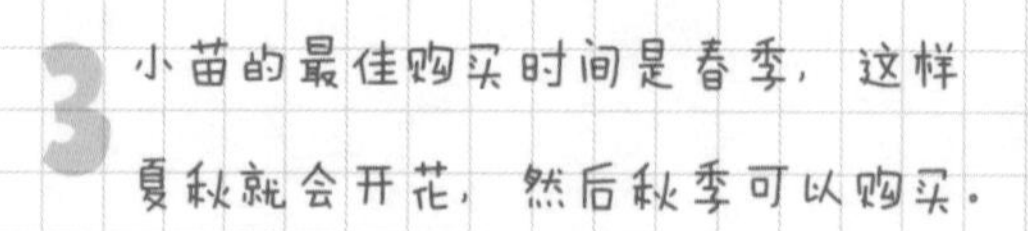

3 小苗的最佳购买时间是春季，这样夏秋就会开花，然后秋季可以购买。

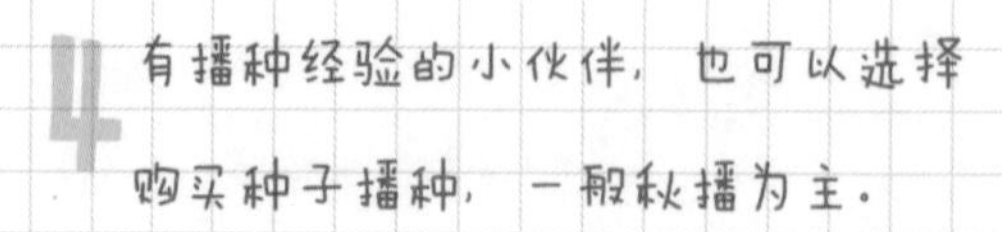

4 有播种经验的小伙伴，也可以选择购买种子播种，一般秋播为主。

饲养要点

光照

大部分鼠尾草都喜欢光照充足的环境，最好室外饲养，室内盆栽优先选择向南露台，光照不足的环境会导致植株徒长，甚至发生病虫害。

浇水

春秋生长期，坚持“不干不浇，一次浇透”的原则，冬季根据苗情，如果室外休眠，可以断水，室内也要减少浇水。

度夏

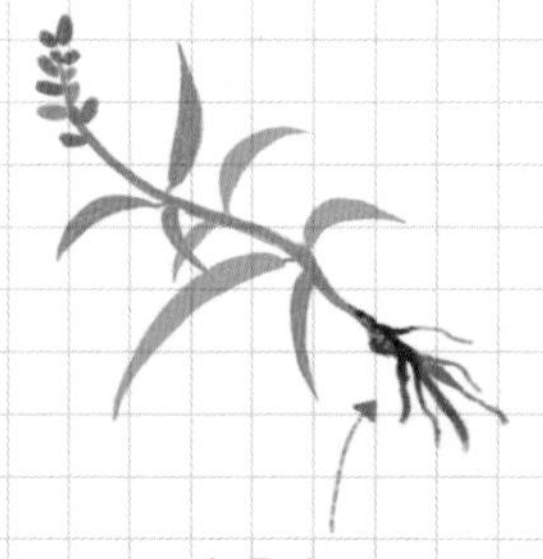

北方夏季炎热，水分蒸发快，鼠尾草要及时浇水，避免晒死，南方夏季多雨，鼠尾草要避免淋雨，不然在湿热环境，根系容易腐烂死掉。

过冬

鼠尾草相对耐寒，但不同品种之间的耐寒能力也不同，建议在选择品种时，了解清楚。

病虫害和扦插

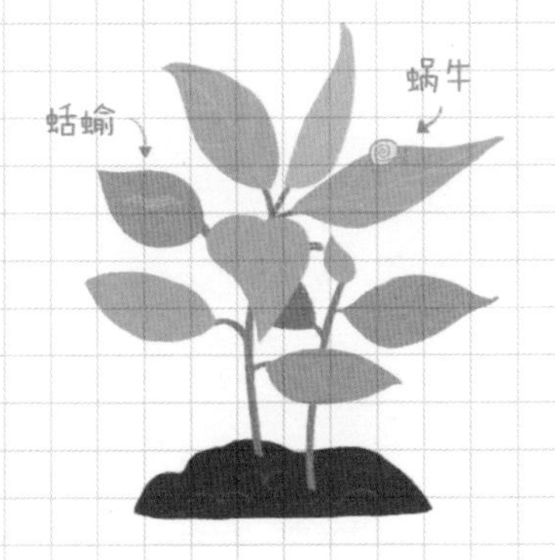

病虫害

鼠尾草病虫害较少，可以常备百菌清杀菌剂预防，虫害一般以蜗牛、蛞蝓为主，发现后可以捉除。

扦插

1.选取健康枝条，剪成带有一对叶片的小枝条；

2.将小枝条插入湿润的蛭石中；

3.放置通风良好半荫环境，保持基质湿润，一周左右就会生根；

4.生根后，放置光线明亮处，正常照顾。

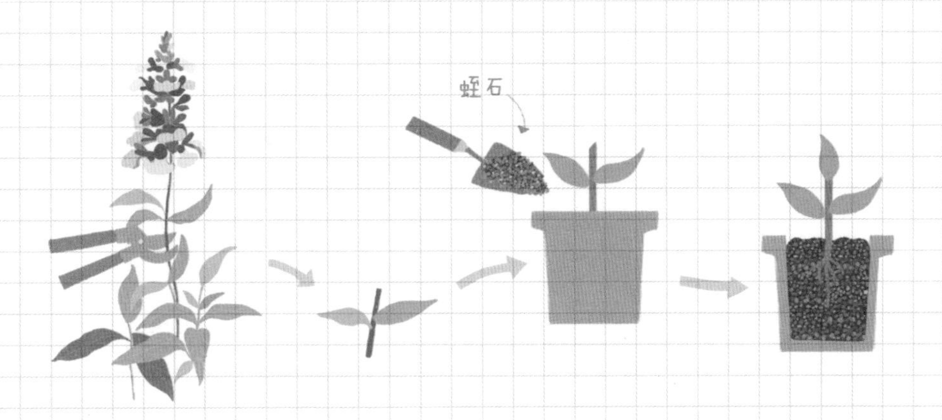

果蔬篇

草莓
饲养手册

草莓的历史

1714年

一个法国人从南美洲把智利草莓带回了法国。

1616年

一个英国人在北美洲旅行时，把弗州草莓带回英国，后来开始在法国栽培。

1766年

这两种草莓在某个植物园里相遇，产生了一种新的草莓，因为尝起来有凤梨的味道，所以叫凤梨草莓。从此以后，世界上的吃货们又多了一种美味的“水果”。

目前世界上有上千种草莓，主要分为园艺品种和野生品种。先来说说不常见的野生品种。野生草莓又可以细分很多种，比如高山草莓和森林草莓，颜色有白色、红色、黄色。

国内常见的两种野草莓：

野生草莓

黄毛草莓

野生草莓香味浓郁，味道也很好，如果有花园的小伙伴，强烈推荐地栽一些。它的缺点是果实小、软，不耐运输和储存，所以城市很难吃到。不过我们还有更多更大的园艺品种草莓。

园艺品种

草莓的园艺品种非常多，多到无法展开讲，
简单粗暴一点，可以分为红草莓和白草莓。

红草莓

主要分两大类：

欧美品种：味道酸甜，果实坚硬，适合长途运输，华南地区常见栽培，比如法兰地、甜查理。

日本品种：果实松软，味道香甜，不耐运输，北方栽培较多，以采摘为主，比如章姬、红颜。

白草莓

主要是日本品种，品种也不少，比如天使系列，桃熏、淡雪、美白姬等等，目前产量较少，价格较高。大家先看看，一饱眼福。

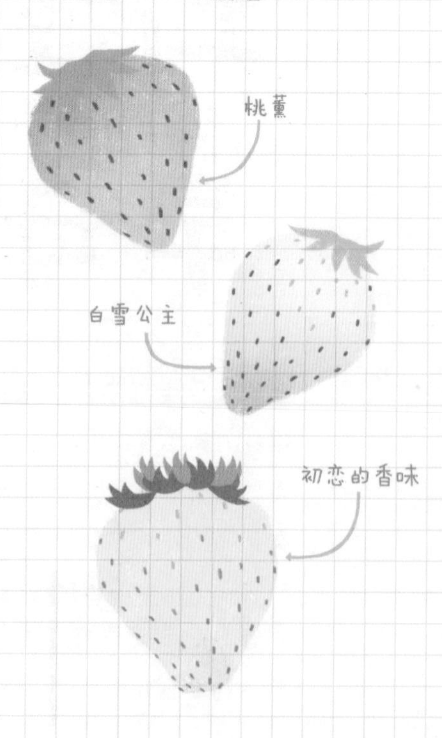

Tips

超市常见的牛奶草莓、奶油草莓就是章姬草莓，果实软，稍微硬一点的红颜，也叫巧克力草莓。

品种推荐

在家里养草莓，要考虑度夏问题，南方地区一般推荐欧美品种，耐热性好。我推荐以下三个品种：

艳丽

国内培育，果实坚硬，抗病性强。适合长距离运输。

圣诞红

早熟品种，产量高，抗病性好。

红颜

除了两广地区，其他地方都可以种，最经典的品种。

网购指南

1 选择靠谱卖家，以防买到品种不符的草莓苗。

2 草莓苗品种不同，价格差别大，新手建议选择常见品种。

3 网购的草莓苗需要一般是穴盘苗，需要换盆。

换盆关键：上不埋心，下不露根。

花盆：选择口径15~20厘米，高度20厘米左右的花盆，花盆太大，草莓只会长叶子不结果。

基质搭配：园土：椰糠：蛭石：珍珠岩

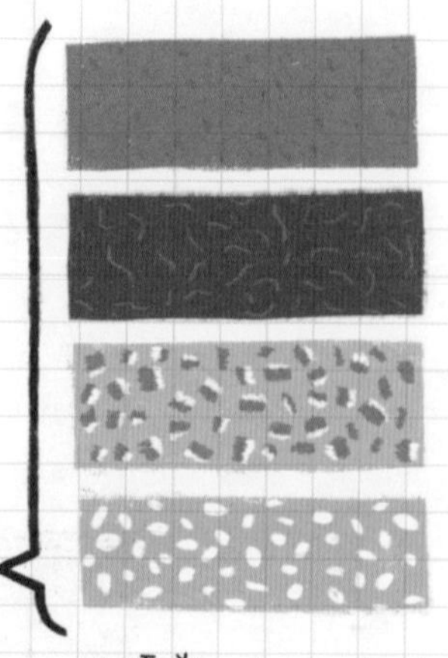

比例为：1：1：1：1

养护

草莓适合在阳光充足、通风良好的环境生长，如果不能放在室外，最好放在向南的阳台。光照不好加上不通风，很容易导致草莓生病。

浇水：选择早晚时间，尽量不要浇在叶片上，盆土保持湿润，过湿根系容易腐烂。

施肥：刚换盆的草莓不宜施肥，等长出新叶之后再勤施薄肥，一周一次水溶肥。

温度：夏季高温要注意遮阳，冬季室外草莓会落叶，第二年春天会重新发芽。

开花结果

草莓在营养生长一段时间，就会开花，可以用小刷子轻轻刷几下花蕊，进行人工授粉，提高结果率。草莓一次会结很多果子，建议摘掉其中一些小果，保证其他果实长大成熟。

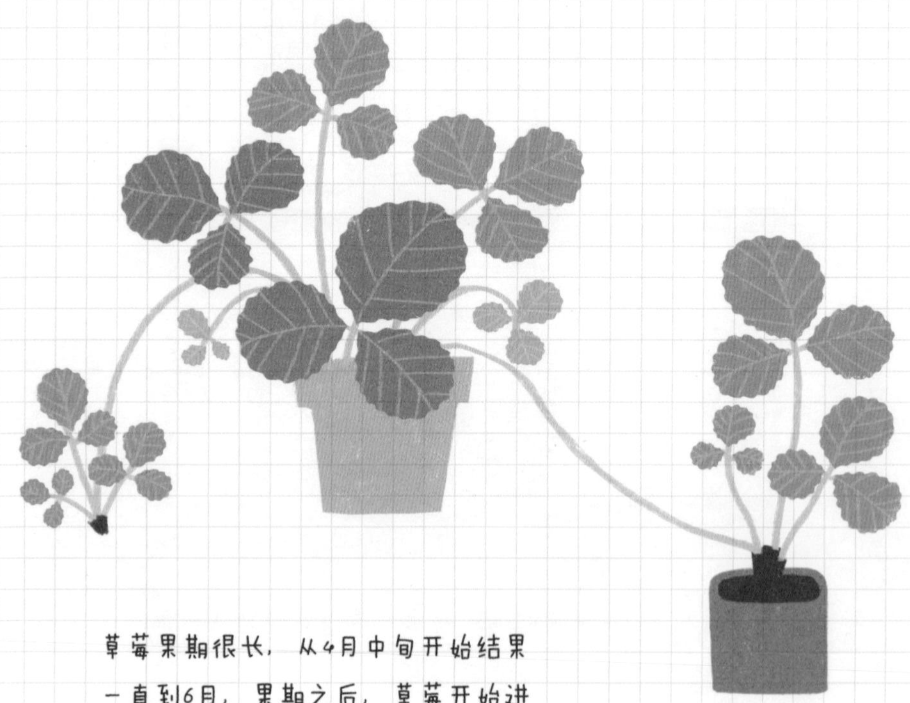

草莓果期很长，从4月中旬开始结果一直到6月，果期之后，草莓开始进入营养生长，会长出匍匐茎，可以用来繁殖。另外，为了保证草莓品性，建议每2~3年更换一次苗。

草莓果酱

如果你收获的草莓来不及吃，还可以做成草莓果酱保存：

材料准备

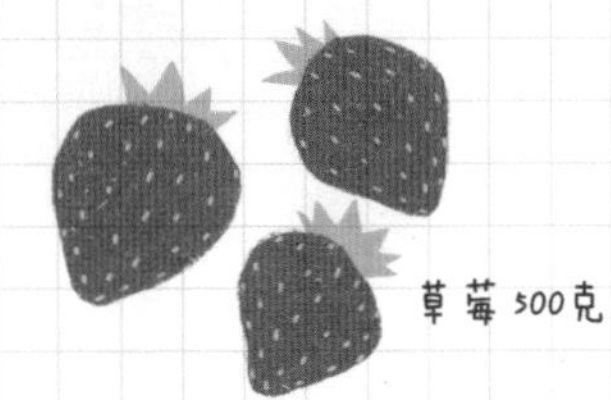

草莓500克

柠檬1个

冰糖350克

无论怎么铺，第一层和最后一层必须是草莓

1.将草莓洗干净去除蒂头，切小块。

2.把柠檬榨成汁。

3.将草莓和冰糖层层叠放在大碗里。

4.把柠檬汁均匀地倒进去。

5.盖上保鲜膜，放入冰箱冷藏最少12个小时。

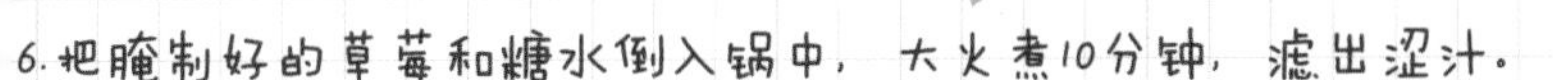

6.把腌制好的草莓和糖水倒入锅中，大火煮10分钟，滤出涩汁。

.用滤网滤出果肉。留下草莓糖浆煮10分钟，到糖浆变得有点稠。

8.将果肉倒回糖浆里，继续煮15分钟，直到果酱变浓稠。

糖水沸腾之后的浮沫

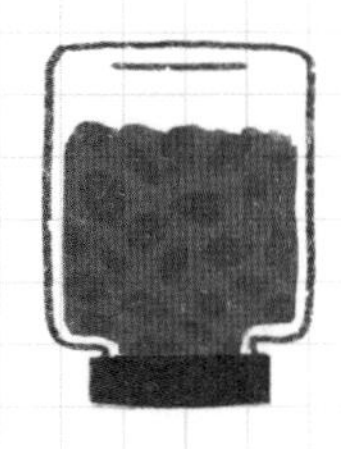

八分满

9.果酱煮好之后，马上装入洗净消毒的玻璃瓶里。

10.扭紧瓶盖，马上倒扣静置1个小时。

11.清洗瓶身，放入冰箱保存。

番茄

饲养手册

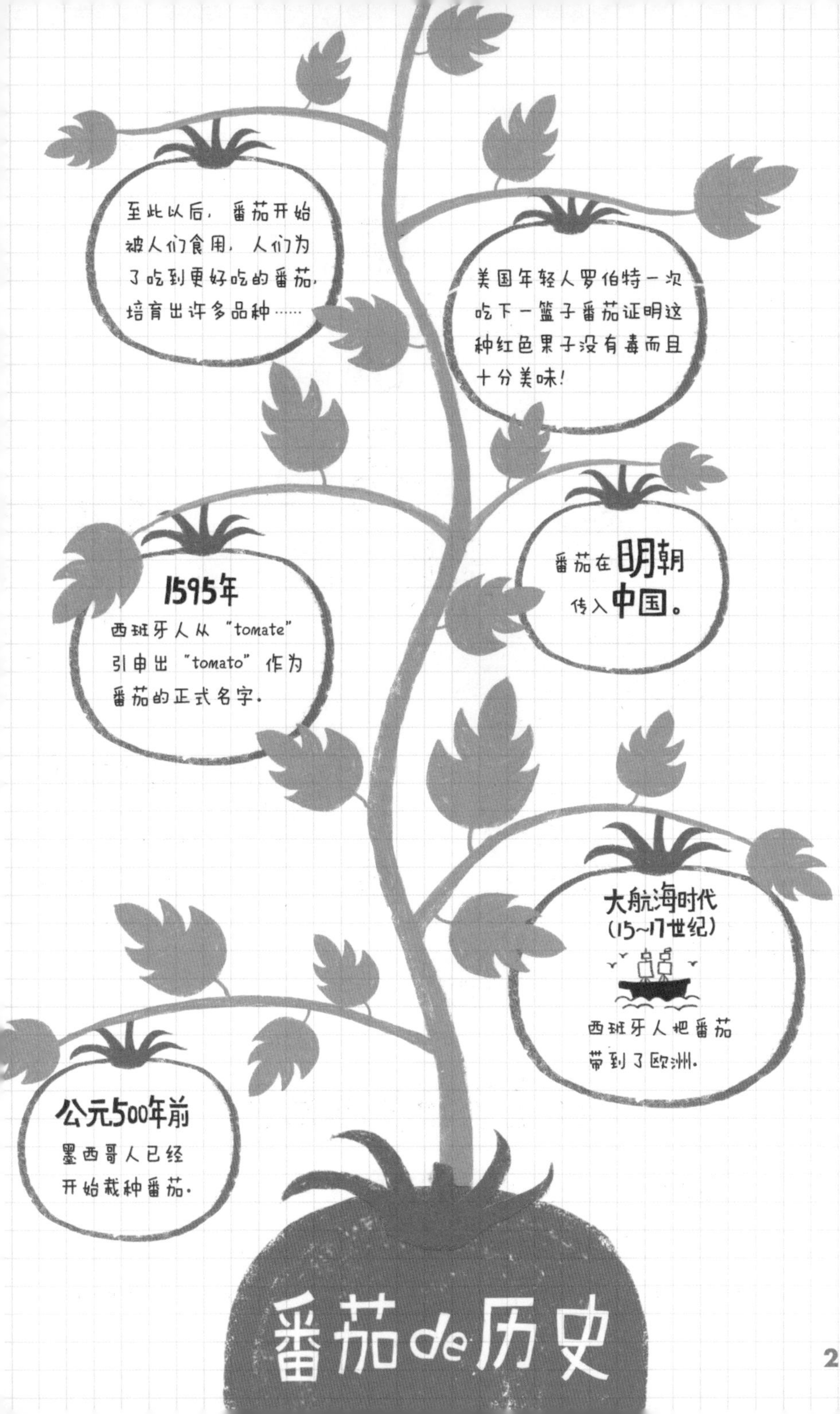

番茄de历史

公元500年前

墨西哥人已经开始栽种番茄。

大航海时代（15~17世纪）

西班牙人把番茄带到了欧洲。

1595年

西班牙人从"tomate"引申出"tomato"作为番茄的正式名字。

番茄在**明朝**传入**中国**。

美国年轻人罗伯特一次吃下一篮子番茄证明这种红色果子没有毒而且十分美味！

至此以后，番茄开始被人们食用，人们为了吃到更好吃的番茄，培育出许多品种……

番茄de品种

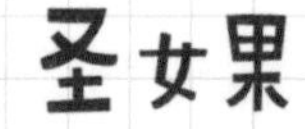

圣女果

也叫樱桃番茄，
一口一个，长相可爱
有红色、黄色、橙色

栽培番茄

我们平时炒菜吃的
大番茄都是培栽品
种有红色、粉色。

千禧果

升级版的圣女果
口感更好！

牛心番茄

外形很像灯笼椒。

梨形番茄

外形像梨，有红色
和橙色，见过照片
没见过实物。

彩虹番茄

皮上有花斑！

蔬菜？还是水果？

植物学上，番茄的果实属于浆果，是名正言顺的水果。

那为什么在超市会和蔬菜摆在一起呢？

因为当年美国政府为了多收税，任性地把番茄定义为蔬菜，并沿用至今。

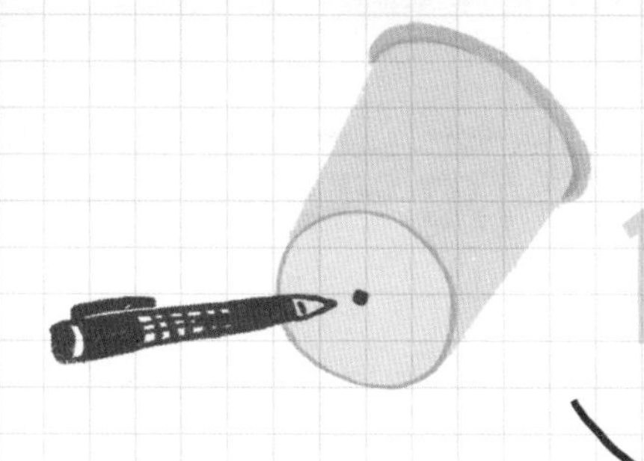

1 在一次性纸杯底部打一个小孔。

番茄de播种

番茄种子发芽温度在20~25℃，可以提前在室内播种育苗。

2 在纸杯里装2/3营养土，把番茄种子放进去。一个纸杯1粒种子。再在种子上覆盖一层薄土。

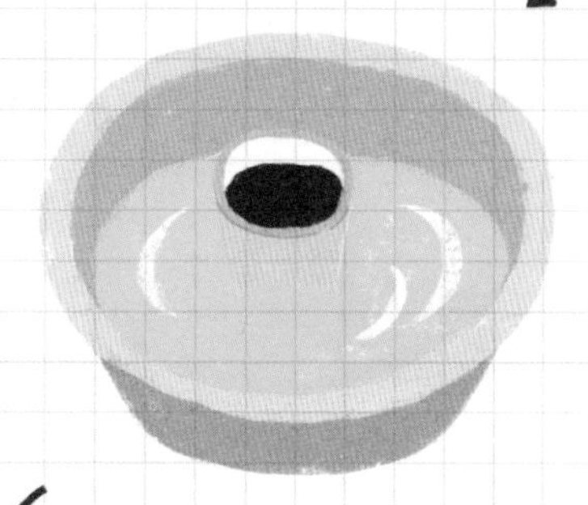

Tips：

用纸杯培育是为了移盆时不损伤植物根系。

3 把纸杯放在水盆浸水，直到土壤表面湿润。

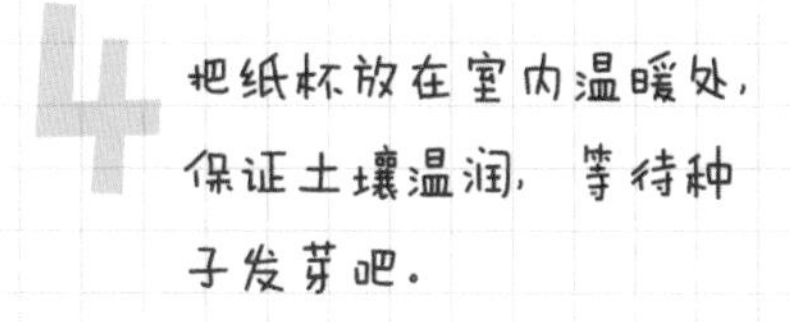

4 把纸杯放在室内温暖处，保证土壤温润，等待种子发芽吧。

自己种一棵番茄吧！

品尝自己亲手种出的番茄一定更加美味！

种番茄很简单，收好这份手册，照着做就好。

准备材料：

1 番茄种子5粒

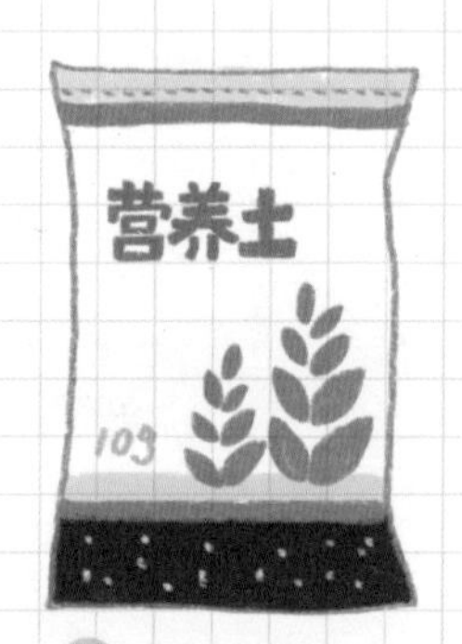

2 营养土1袋

3 纸杯5个

4 有机肥1小袋（蚯蚓粪鸡粪等）

5 直径30~50厘米的花盆2~3个

6 1.5米竹竿3根

Tips 以上材料均可网购，包括竹竿！

小苗饲养
（4月上旬）

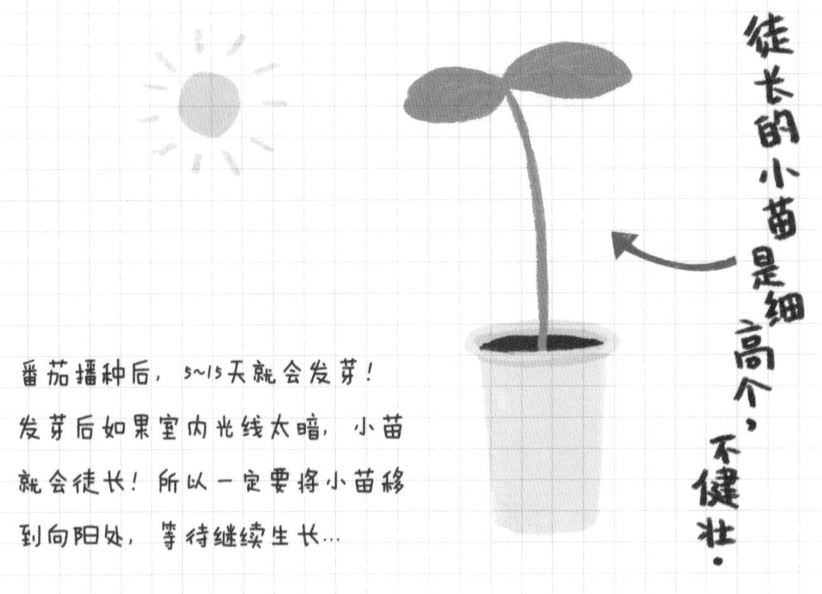

番茄播种后，5~15天就会发芽！发芽后如果室内光线太暗，小苗就会徒长！所以一定要将小苗移到向阳处，等待继续生长…

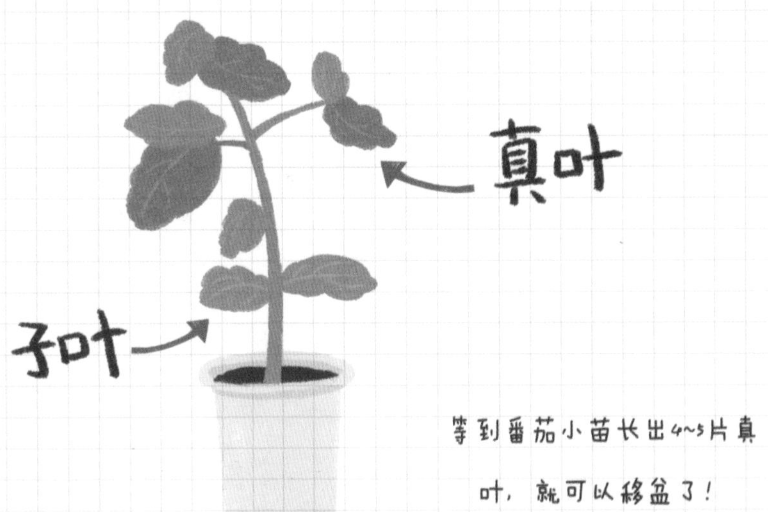

等到番茄小苗长出4~5片真叶，就可以移盆了！

日常管理(5~6月)

等番茄长出新叶，表示缓苗成功，继续往下看吧！

1 浇水

不干不浇，一次浇透，
番茄喜水，2~3天浇一次。

2 绑架

番茄长到30厘米左右就要绑架了。每株绑一根竹竿，每隔30厘米绑一次

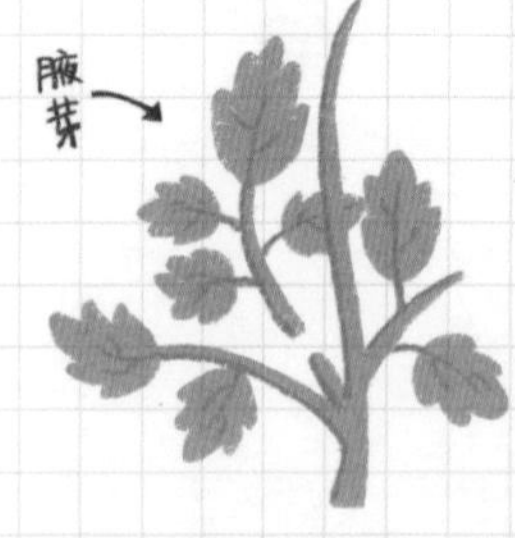

3 抹芽

番茄分枝能力强，每个叶子都会萌发腋芽，及时剪掉腋芽可以减少养分的消耗。

4 点花

番茄容易落花，可以买防落素抹在花梗上。

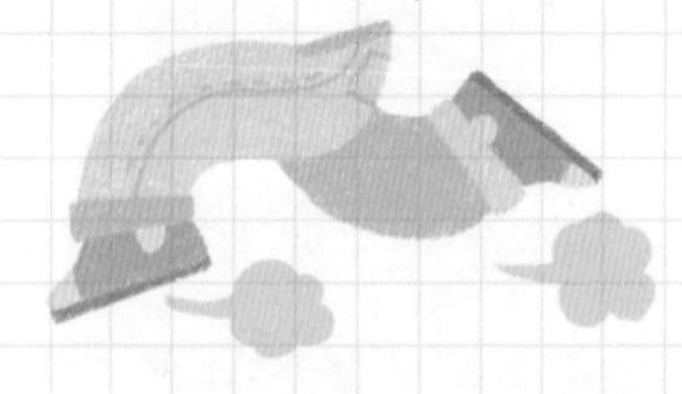

5 病虫害

番茄病害少，虫害常见蚜虫，棉铃虫。每天检查，见到赶紧捉（跑）住（掉）！！不敢捉？找男朋友！

番茄的移盆定植(4月下旬)

30厘米的花盆建议1盆1棵；40~50厘米的花盆，1盆3棵。

根据你的小苗数量合理安排吧！如果育苗失败也不必沮丧，你可以直接网购番茄小苗回来定植。

定植步骤：

1 定植前一晚，把纸杯里的小苗浇透水。

2 花盆装满 2/3 土，并把有机肥混合。

3 将纸杯剪开，把带土的番茄苗埋在花盆里，再加一部营养土，压紧土壤。

4 将花盆浇透水，移至阴凉处缓苗一周。

5 一周后，根据室外温度选择室内或室外养护。

-15℃

室外低温>15℃，全天放室外。

室外低温<15℃，晚上放室内。

美味的番茄酱

Cooking Time!

番茄有很多吃法！生吃、加糖凉拌，炒各种家常菜……

今天教给大家自制一瓶美味的番茄酱！可以用它抹三明治、

烧罗宋汤、做茄汁意面、烤PIZZA！总之，用途多多！

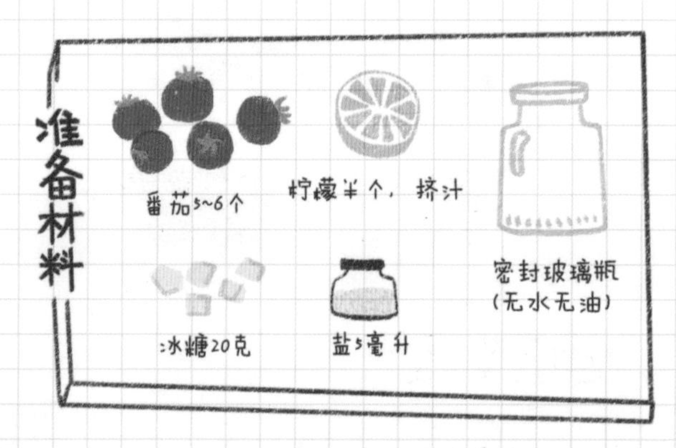

做法：

1.烧一锅开水，放入番茄，烫2分钟，

捞出去皮。

2.晾凉后用手将番茄捏碎。

咕嘟~

咕嘟~

3.将捏碎的番茄放入锅中，加冰糖、柠檬汁、盐，

开盖小火熬煮，直到酱汁粘稠。

Ps：趁热倒入瓶中，盖盖倒扣，可真空保存，

吃时用干净的勺子取食，冷藏保存，尽快食用！

向日葵
饲养手册

向日葵

—太阳的儿子—

小时候经常在院子里种一排高大的向日葵，盛夏会开出美丽的花朵，花败之后会抢着吃花盘里的葵花子。向日葵原产南美洲，约100种，分布在世界各地。

向日葵为什么会向着太阳生长？

生长素

主要是向日葵的生长素在"作怪"，生长素"讨厌阳光"，所以会随着光照变化，大量背对阳光一侧的茎，导致这一侧生长更快，把向日葵的茎推向向阳的一侧。

Tips 花蕾期的向日葵的"向日性"很明显，开花之后，生长素减少，花盘较重，向日葵一般面朝东方。

一般我们用生瓜子种的向日葵属于食用型向日葵，另外还有专门榨油的“油葵”，以及园艺上的观赏向日葵。

1 食葵和油葵

株形高大，1.7米以上，单花为主，花期短。

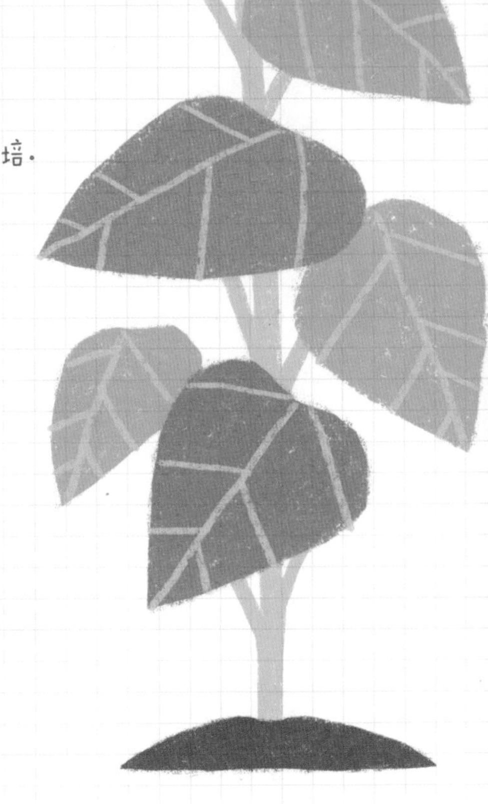

2 观赏向日葵

除高大品种外，有许多矮生品种，适合盆栽，花期较长，更适合园艺栽培。

观赏向日葵的园艺品种非常多，很多园艺公司都有自己培育出的品种，简单介绍一下：

美丽微笑
(Sunny Smile)

经典矮生品种，
株高15~50厘米，
无花粉，分枝多花，
非常适合盆栽。

富阳 (Sunrich)

和美丽微笑，都来自日本泷井园艺，
株型：90~150厘米，无花粉，适合切花，
花色：有金黄、柠檬、橙色、石灰等。

kids

日本坂田园艺培育的矮生品种，
高度30厘米，无花粉，株型紧凑，
适合组盆栽种。

VINCENT®S

（文森特）系列向日葵
同样来自日本坂田园艺
高度：100~180厘米，
株型：直立单杆
饲养：首选地栽，盆栽选择大盆花心绿色，非常清新。
推荐：推荐Vincent's Fresh

英国T&M园艺公司也有很多向日葵品种。

泰迪熊
(Teddy Bear)

像绒毛一样蓬松的花朵，只有高30~40厘米，分枝性好。

日食
(Solar Eclipse)

高大品种，株高150~250厘米，推荐地栽，分枝性好，花瓣有一圈火焰色，非常漂亮。

Ms Mars

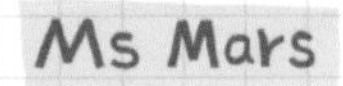

非常漂亮的一个品种，株高60厘米，盆栽地栽都非常合适，玫瑰色花瓣很夺目。

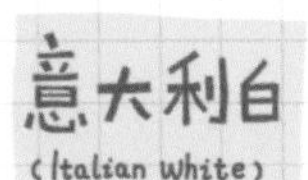

意大利白
(Italian White)

奶油白色的花瓣和巧克力色的花心形成鲜明对比，株高120厘米，分枝性好。

1 品种选择

盆栽适合矮生品种，

地栽选择高大品种。

2 种子品质

尽量购买向日葵F1代种子，

自收种子可能会退化。

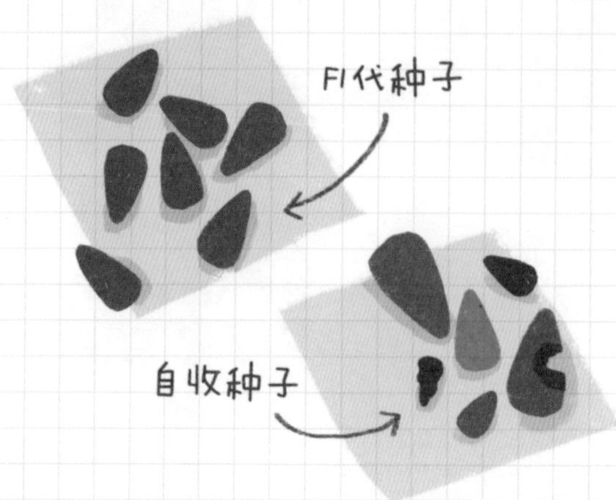

3 卖家选择

向日葵大部分都是进口品种，

优先选择信誉好的园艺卖家。

播种

1 播种时间

当地气温在20℃左右即可播种。

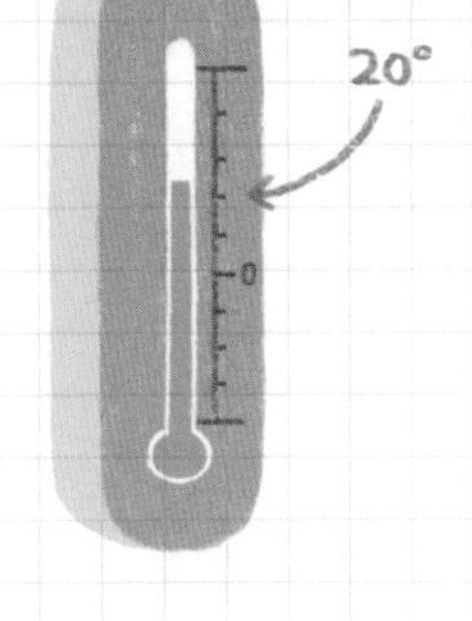

2 播种准备

1. 根据品种选择合适的花盆。

2. 适量疏松透气的基质。

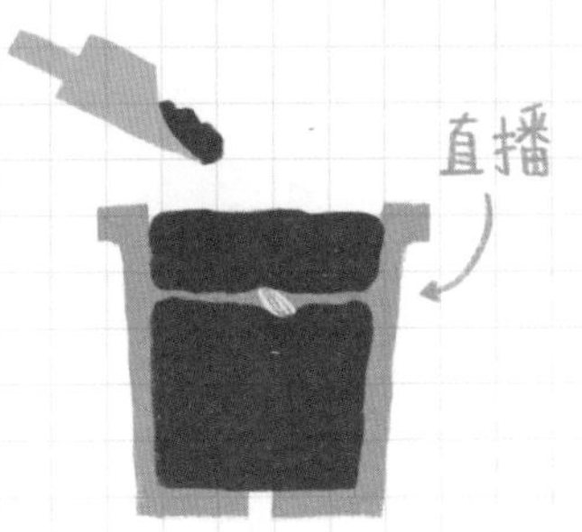

3 播种步骤

1. 直播:

花盆装入三分之二基质，放入向日葵种子，覆土2~3厘米，轻轻压实，浇透水，放置阴凉处等待发芽。

2. 穴播:

穴盘装满基质，将向日葵插入，浸透水，放置阴凉处等待发芽。

穴盘

Tips

向日葵一般直播，如果穴盘播种，长出真叶后要尽快移栽。

光照

向日葵喜光，发芽之后就可以放在光照充足的地方生长；夏季高温可以适当遮阳。

浇水

生长期掌握“不干不浇一次浇透”原则；现蕾后，对水分需求大，要早晚各浇一次水。

施肥

生长期勤施薄肥（花多多1号肥）；现蕾后，使用磷钾肥（磷酸二氢钾）。

支架

如果是地栽高大品种向日葵，生长至1米高左右要打支架，避免倒伏。

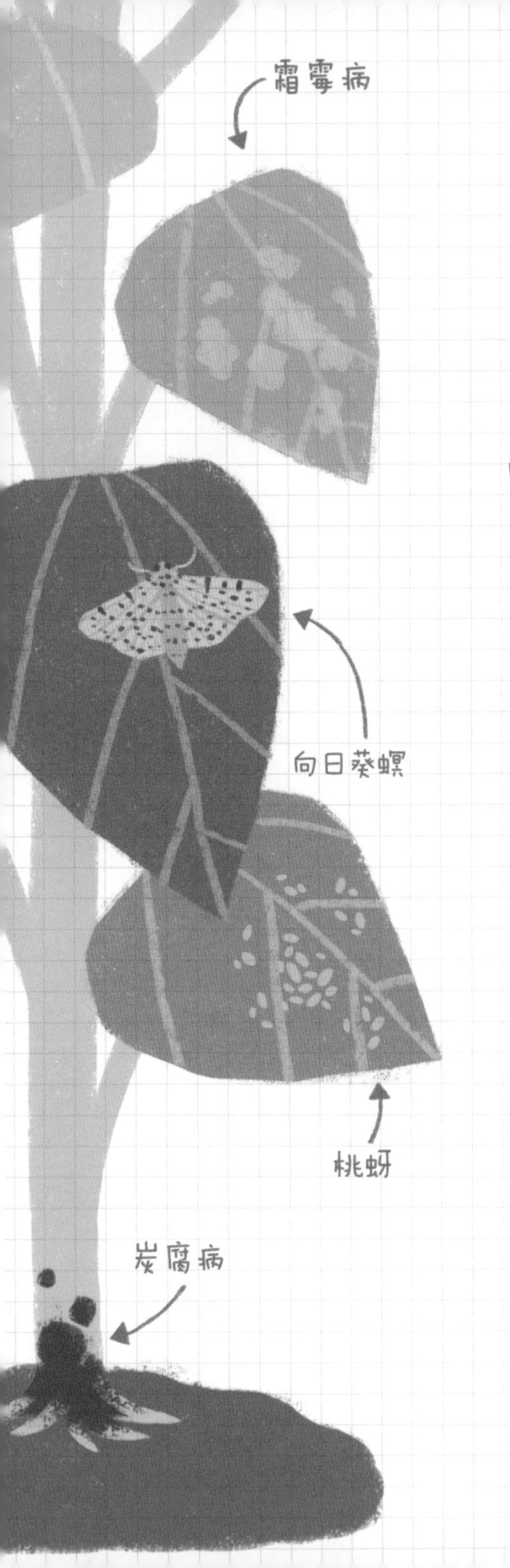

病虫害

向日葵病害一般为霜霉病、炭腐病等，虫害有向日葵螟、桃蚜等。

常备百菌清和吡虫啉，预防为主，如果发生病害，打药即可。

向日葵花期较短，可以在播种期，每隔10天左右，播种一次向日葵，可以在夏季不间断观赏。

樱桃萝卜

—— 饲养手册 ——

今年我播种了两次樱桃萝卜，

发到微博上，

很多小伙伴都想种，

所以制作了这篇饲养手册给你们。

樱桃萝卜果实又红又圆很像樱桃，十分可爱，

而且外形只比樱桃大一点，所以得名。

在我国南方有些地方，也叫扬花萝卜。

樱桃萝卜除了最常见的红色品种，
还有黄色和紫色品种，
不过很难买到种子，
所以新手还是推荐红色品种。

樱桃萝卜从播种到收获，只需一个月左右，所以也叫三十日萝卜。
它非常适合空间有限的小伙伴播种，
因为果实小，所以很多容器都可以用来播种，
阳台党必种蔬菜。

1

选择信用高的靠谱店铺，

比如专业的蔬菜种子店铺。

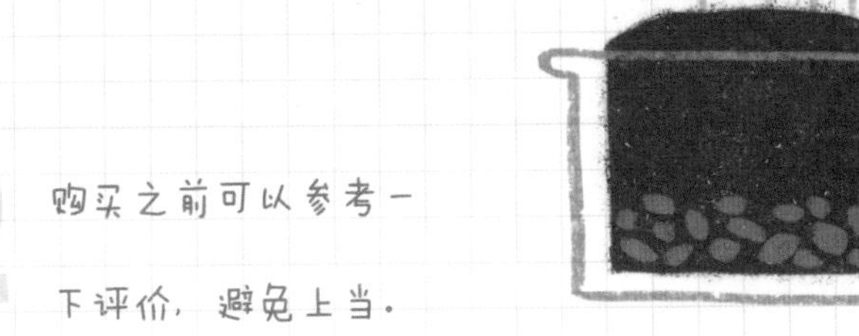

2

购买之前可以参考一

下评价，避免上当。

3

第一次不要买太多，选

择5~10克家庭装即可。

4

我买的是青丰牌日本

樱桃萝卜，仅供参考。

播种时间

樱桃萝卜不耐热，所以适合

春播和秋播，具体播种时间：

春播 → 3~4月

低温在15℃以上

秋播 → 9~10月

高温降到25℃以下

冬天如果室温

在15~25℃，

保证4小时光照，

也可以播种。

Tips

樱桃萝卜的根部在

15℃左右，生长迅速。

播种准备

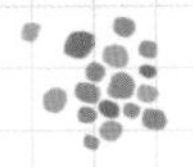

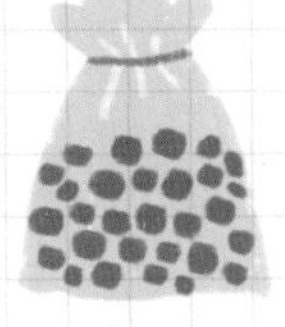

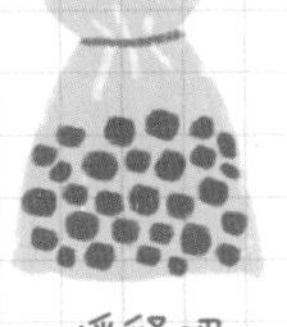

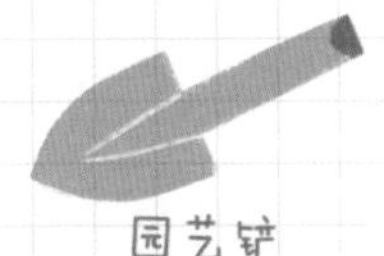

播种步骤

1 在花盆填入三分之一营养土，加入缓释肥。

2 继续填土，距离花盆口2厘米。

3 在花盆均匀挖出小坑，间距2~3厘米左右。

4 在每个小坑放入3~5粒种子，并覆土压实。

5 慢慢浇透水，放置阳台等待发芽。

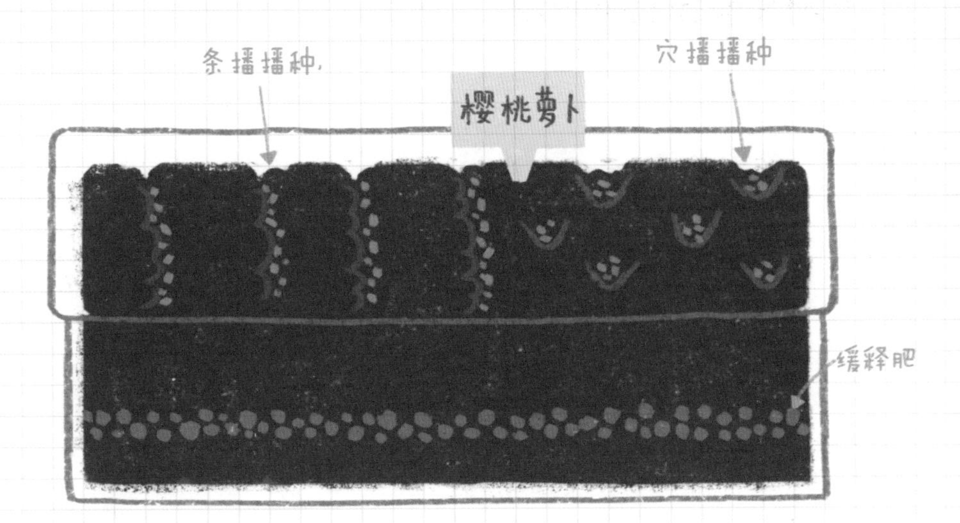

Tips

1. 如果你是长条形花盆，可以用条播播种，间距也是2~3厘米。
2. 在播种期，可以每隔一周播种一次，这样可以保证持续收获。

饲养指南

1 发芽：播种一周后会发芽，没有发芽的地方可以及时补种。

2 发芽之后放到阳光充足的地方进行光照。

3 长出两对真叶后，可以进行一次间苗，每个坑留一棵健壮小苗。

4 坚持“不干不浇，一次浇透”原则进行浇水。

5 每次浇水可以配合使用花多多1号液肥，稀释比例2000倍。

6 一个月左右，根部慢慢膨大，直径在2厘米左右，就可以收获。

病虫害

樱桃萝卜病害较少，会有一些虫害，

比如蚜虫、菜青虫、蜗牛、蛞蝓。

应对措施

蚜虫：用清水或蒜汁等刺激性液体反复清洗。

菜青虫、蜗牛、蛞蝓：定期检查，发现及时用筷子夹走。

美食

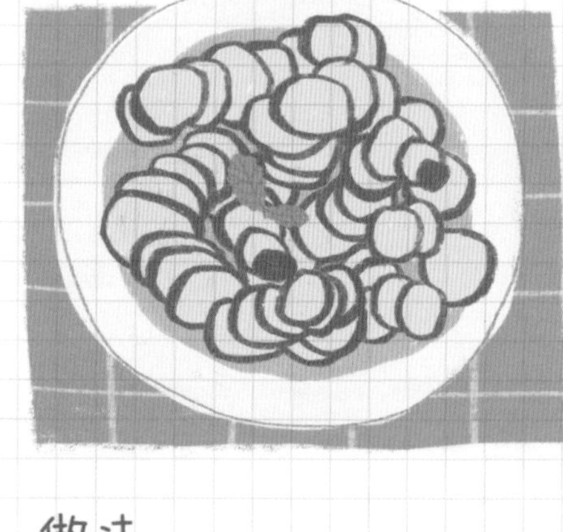

1 糖醋蓑衣樱桃萝卜

用料：

做法：

1.切好的萝卜用盐腌10分钟，萝卜会出水。

2.用水冲掉盐分。

3.浇上用白糖和白醋调的汁即可。

2 樱桃萝卜炒肉

用料：

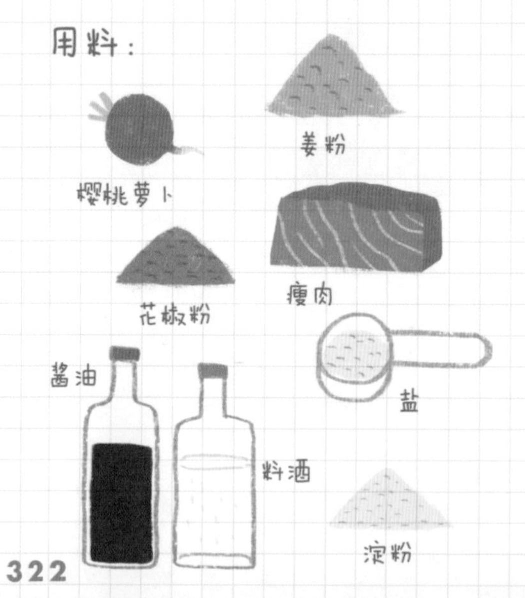

做法：

1.樱桃萝卜、肉洗净。

2.樱桃萝卜切片。

3.肉切丝加盐以外的调料拌匀。

4.热锅倒油烧至八成热，加肉丝炒至水干。

5.倒入樱桃萝卜翻炒3分钟。

6.加盐翻炒均匀装盘。

生菜
饲养手册

生菜

菊科莴苣属植物，

因为食其叶，所以也叫叶用莴苣，

这个属还有一种植物你肯定熟悉，那就是莴笋，

莴笋在国外叫茎用莴苣（stem lettuce）。

因为叶可以生食，所以莴苣更熟悉的名字叫生菜，

不管是做沙拉，还是三明治、汉堡，都离不开它。

生菜品种

生菜品种非常多，不同国家的偏好也不同。

比如美国人喜欢结球生菜，

法国人喜欢脆叶生菜，

英国人喜欢奶油生菜等等。

这里我把生菜的分类简单介绍一下，

帮助大家选到合适的品种：

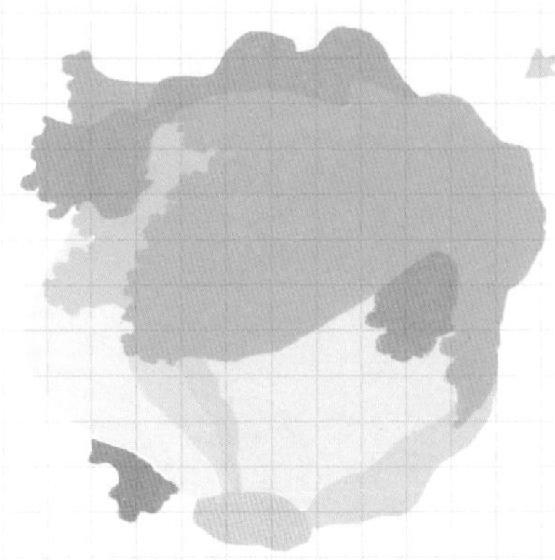

脆叶生菜

（Crisphead lettuce）

叶片清脆，大部分品种叶片会

包裹在一起，也叫结球生菜，

比如美国人喜欢的“Iceberg”。

奶油生菜

（Butterhead lettuce）

叶片松软、有光泽，

有绿色和紫色等品种。

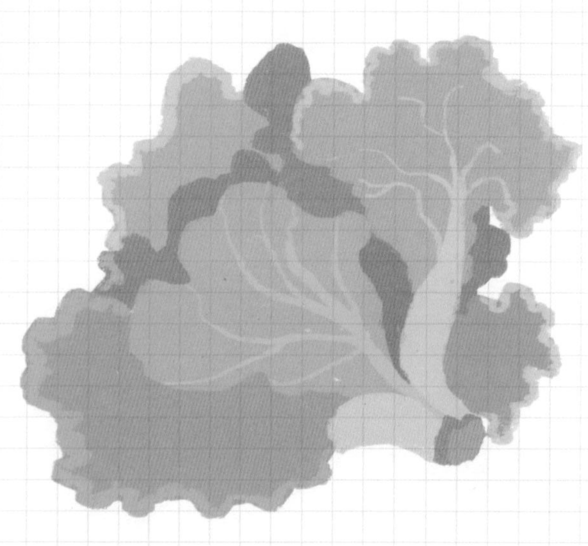

散叶生菜

（Loose leaf lettuce）

叶形松散，部分品种叶片有褶皱，所以也叫皱叶生菜，有绿色、紫色等。

长叶生菜

（Romaine lettuce）

也叫罗蔓生菜，叶片平整较长，清脆多汁。有绿叶、紫叶等。

播种育苗

播种时间 → 生菜最适合春秋季播种，春季2~4月播种，5~6月收获；秋季7~8月播种，10~11月收获。

种子购买 → 选择自己喜欢的生菜品种，在网上购买。

播种方式 → 撒播育苗+定植。

播种准备

1. 将椰糠和蛭石混合后，加入育苗盒，浇透水。
2. 将生菜种子混合一些蛭石后，均匀撒在育苗盒表面，然后再轻轻覆上一层蛭石。
3. 将育苗盒放在光线明亮处，保持基质湿润，一周后就会发芽。

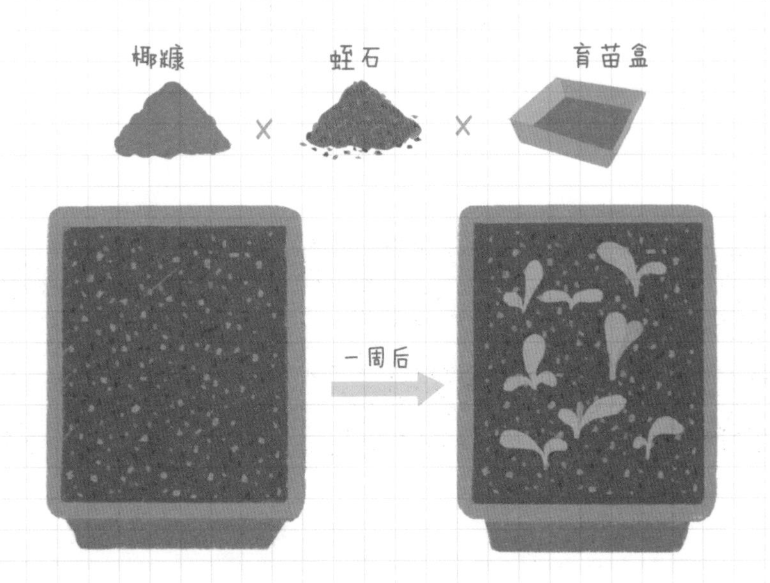

定植

等生菜长出2~3对真叶后，就可以进行定植。

定植时间：一般春季上午定植，秋季傍晚定植。

定植步骤

1 提前将育苗盒浇透水，方便分苗。

2 把椰糠蛭石有机以1：1：1充分混合，放入准备好的种植箱里。

3 浇透水，并挖好土穴，间距10厘米，行距10厘米。

（散叶定植密一点，结球稀一点）

4 用小铲挖出一丛生菜苗，约2~3株，放入土穴，并埋好压实。

5 全部种好之后，再轻轻浇一遍水，放置阴凉处等待缓苗。

日常管理

定植2~3天后，就可以把种植箱放在阳光充足的地方照顾。

温度

生菜喜欢温暖凉爽的生长环境，15℃~20℃温度最适宜，超过25℃，生长缓慢。

光照

每天光照不低于4个小时，阳台种植要打开窗户进行光照。

浇水

保证种植箱基质湿润，不干不浇，一次浇透。

病虫害

病虫害以预防为主，人工防治为辅。

1选择无病害的优质种子。

2选择干净卫生无虫卵的基质。

3每天检查种植箱，及早发现虫害。

4蚜虫可以用清水冲洗，菜青虫用筷子夹走。

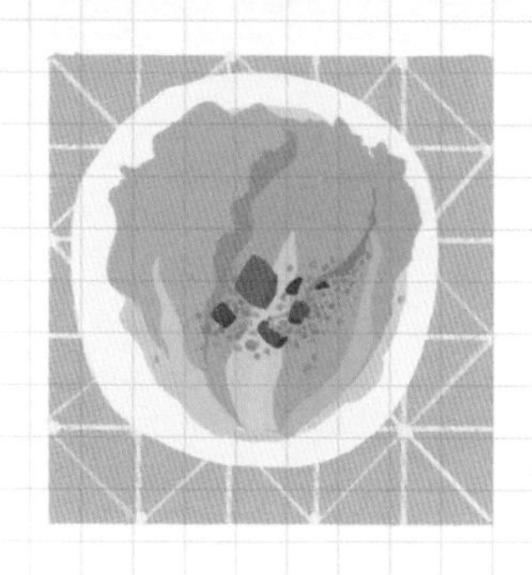

食用

生菜生长快，

一般一个半月就可以收获。

1 耗油生菜

做法：

1. 将蒜蓉、生抽、蚝油、代糖①混合。
2. 起锅，放水烧开，下生菜汆熟。
3. 干辣椒切段。
4. 另起不粘锅，倒入3克油。
5. 倒入蒜蓉、生抽、蚝油、代糖混合物，烧至冒泡关火。
6. 把烧汁浇在生菜上即可。

2 蔬菜沙拉

用料：

盐

黄瓜

其他配料：

自制黑芝麻核桃粉、香醋、蔬菜沙拉酱、水煮蛋、胡萝卜玉米青豆粒。

做法：

1. 把所有蔬菜洗干净切好放一个大碗里。
2. 加入适量香醋、盐、黑胡椒、沙拉、黑芝麻核桃粉，拌匀即可。

① 代糖：具有糖的甜度，但比起糖少了很多热量的食品添加剂。

马·铃·薯
饲养手册

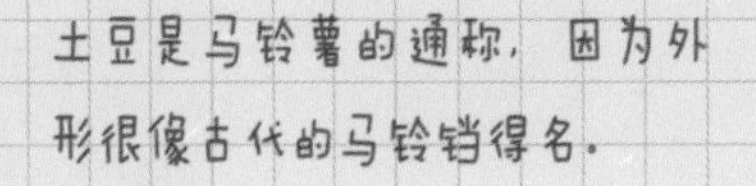

马铃薯来自遥远的南美洲印第安山区，很早就被印第安人栽种食用，大航海时代，被带入世界各地，成为人们的主食。把马铃薯切成条油炸，就是薯条；切成片，就是薯片。

如果你想在家用自己养的马铃薯来炸薯条，首先你要学会如何养马铃薯。

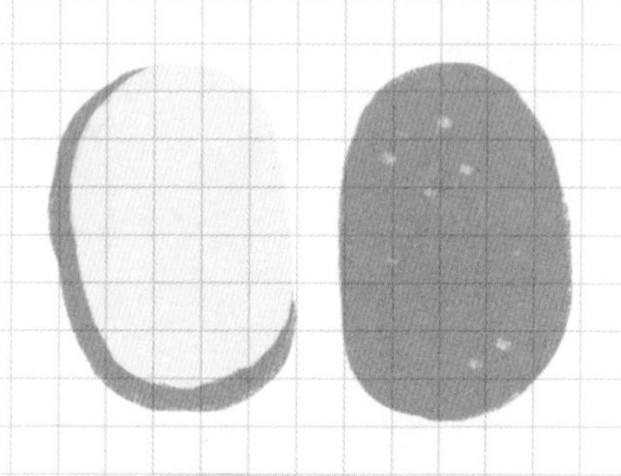

果肉白色，口感脆，适合做菜，比如酸辣土豆丝。

土豆分类

马铃薯其实有很多种，而且人们在不断培育适合不同地区不同用途的品种，大致上分菜用型、淀粉加工型和油炸型三大类，我们在超市常见的有两种：

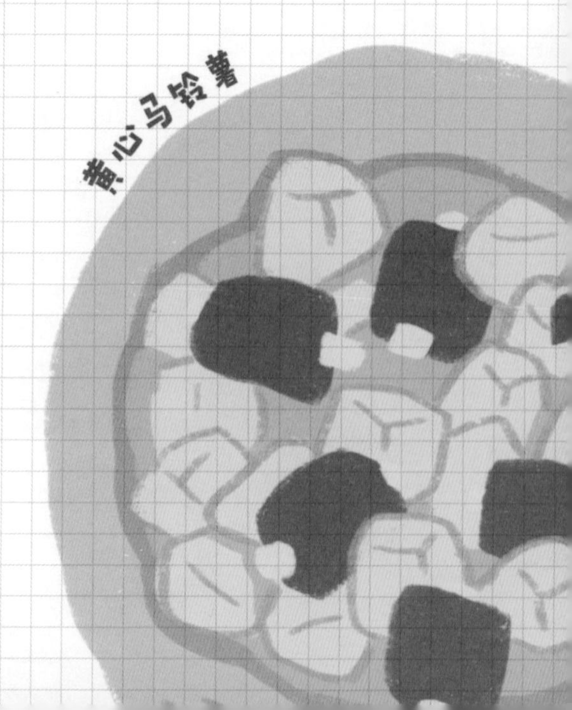

果肉黄色，口感糯软，适合炖煮，比如土豆排骨。

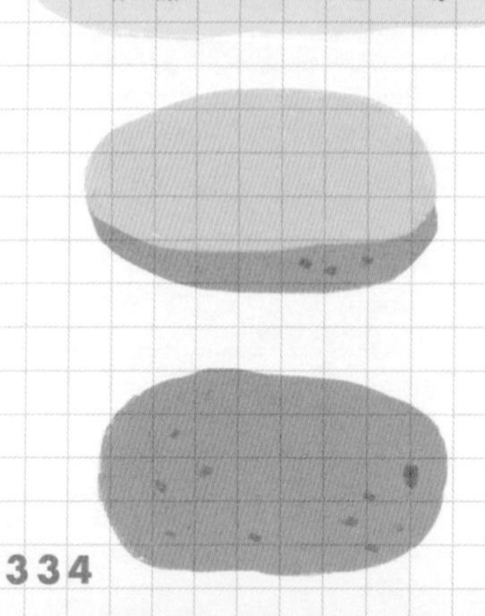

品种

另外，还有一些不常见的马铃薯：

俗称小土豆，可以整颗油炸，比如椒盐小土豆。

不是紫薯哦，富含大量花青素。

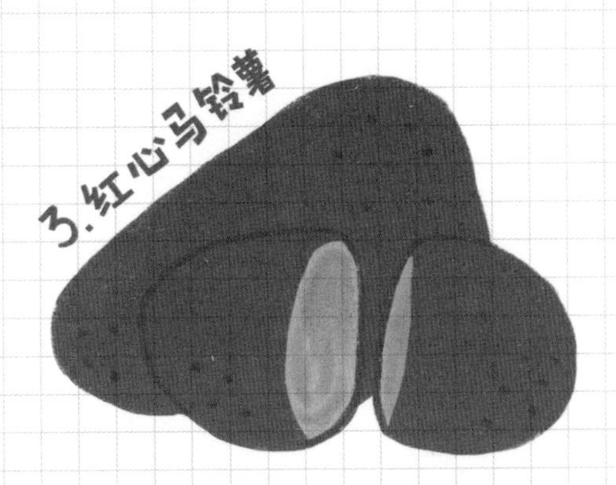

同样富含大量花青素。

种植时间

马铃薯喜欢凉爽的生长环境，不喜欢高温，不同温度下马铃薯的表现：

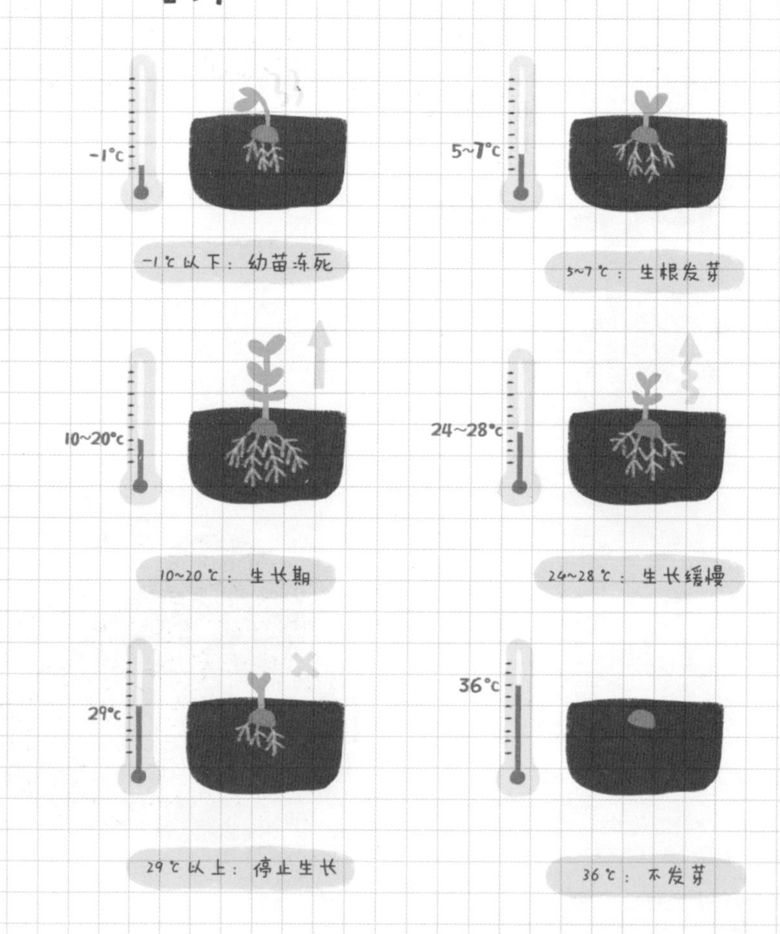

我国地域辽阔，不同地区温差大，马铃薯对温度的要求，

导致不同地区栽培时间不同，一般情况下：

北方（东三省西北）：4~5月播种，9月收获，一年一季。

中原（黄河长江中下游）：1~3月播种，5~6月收获，7~8月播种，10~11月收获，一年二季。

南方（华南东南）：10~12月播种，翌年1~3月收获，一年一季。

西南：气候复杂，根据实际温度，一、二季混合种植。

选种

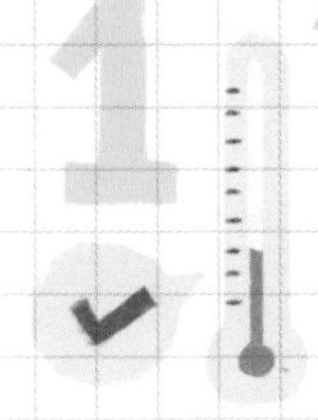

根据所在地气温，在合适的时间购买，避免出现因温度不适宜，导致无法种植。

如果你选择常见的黄心土豆，直接去超市购买即可。

紫土豆、红土豆，可以进行网上购买。

催芽

买回来的土豆，需要先进行催芽，再切块播种。湿沙层积法：

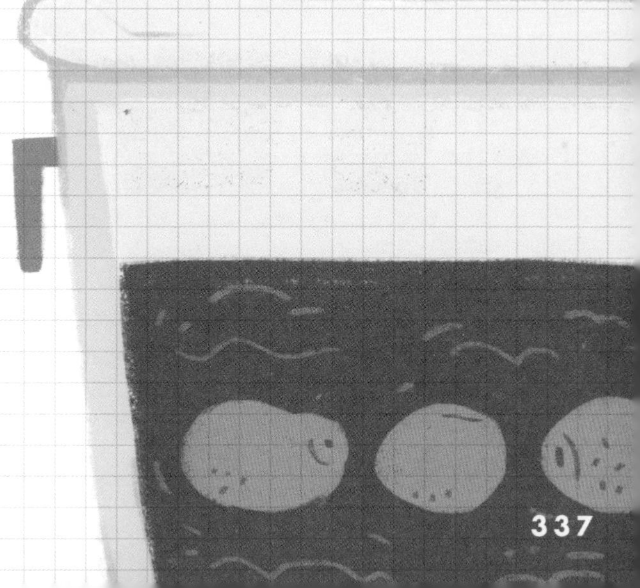

找一个容器，比如储物箱，铺一层湿润的细沙（蛭石、椰糠）。

然后铺一层土豆，再铺一层湿沙。

将储物箱放在15℃环境，一周就会发芽。

切块播种

一棵土豆一般有6~8个芽点，因此发芽之后，要先切块，再进行播种。

切块要点：

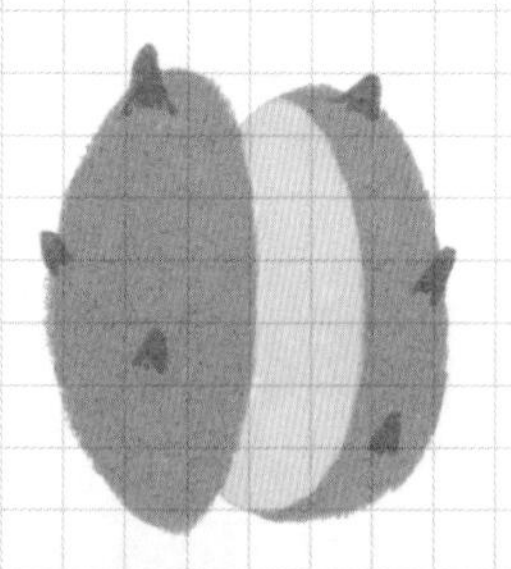

2.每个芽块上留1~2个芽点。

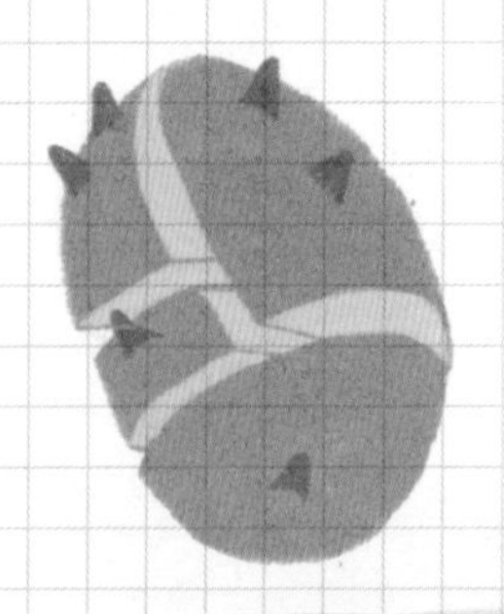

1.芽块要尽量大一点，大芽块出芽整齐。

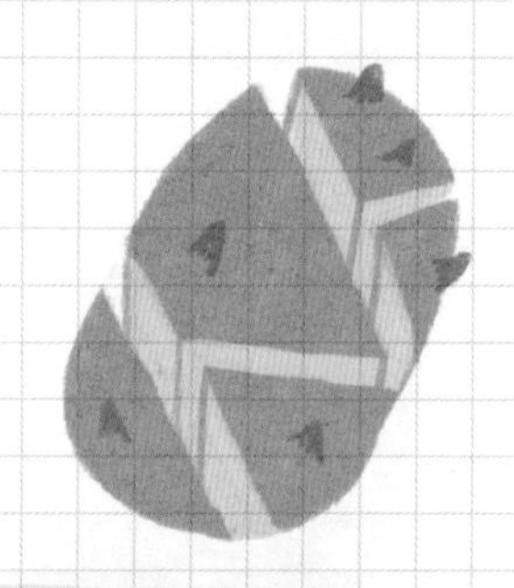

播种准备

花盆：

口径25厘米高度30厘米的花盆，种1颗。

口径40厘米高度30厘米的花盆，种3棵。

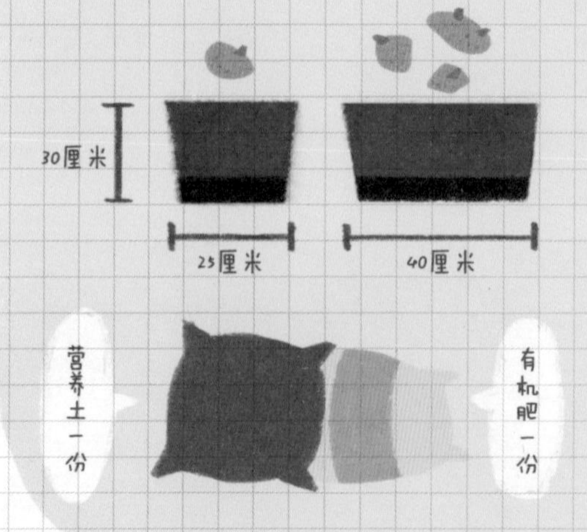

播种步骤

1.将营养土混合有机肥，然后填入花盆一半。

2.将芽块均匀放进花盆，芽点朝上。

3.继续覆土，填满花盆，浇透水。

4.将土豆放在南向阳台，等待发芽。

养护

土豆种下之后，一般10天左右发芽，然后可以正常养护。

浇水：小苗期少浇水，随着长大，增加浇水量，但要把握"不干不浇，一次浇透"的原则。

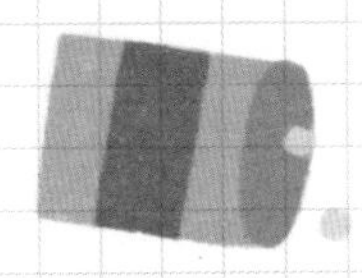

追肥：土豆生长期，可以适当追施有机肥。

病害：保证通风良好，光照充足，土豆病害较少。

光照：生长期要充分接受光照。

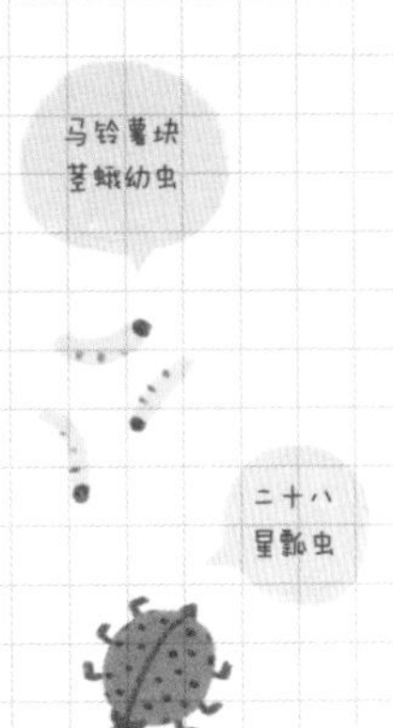

虫害：盆栽土豆常见的虫害有蚜虫、二十八星瓢虫、马铃薯块茎蛾幼虫。防治办法：人工捕捉为主。

收获

土豆生长3个月左右，就可以收获啦，收获的土豆清洗干净，至于怎么吃，就不用我推荐了吧。

基础操作篇

植物网购手册

介绍了这么多植物的饲养手册之后，估计你已经种草了不少，在你打开淘宝之前，请先认真阅读这篇详细的网购植物手册。

挑选植物

挑选植物对新手是一件头疼的事情，解决这个问题的第一步是：确定你家的光照

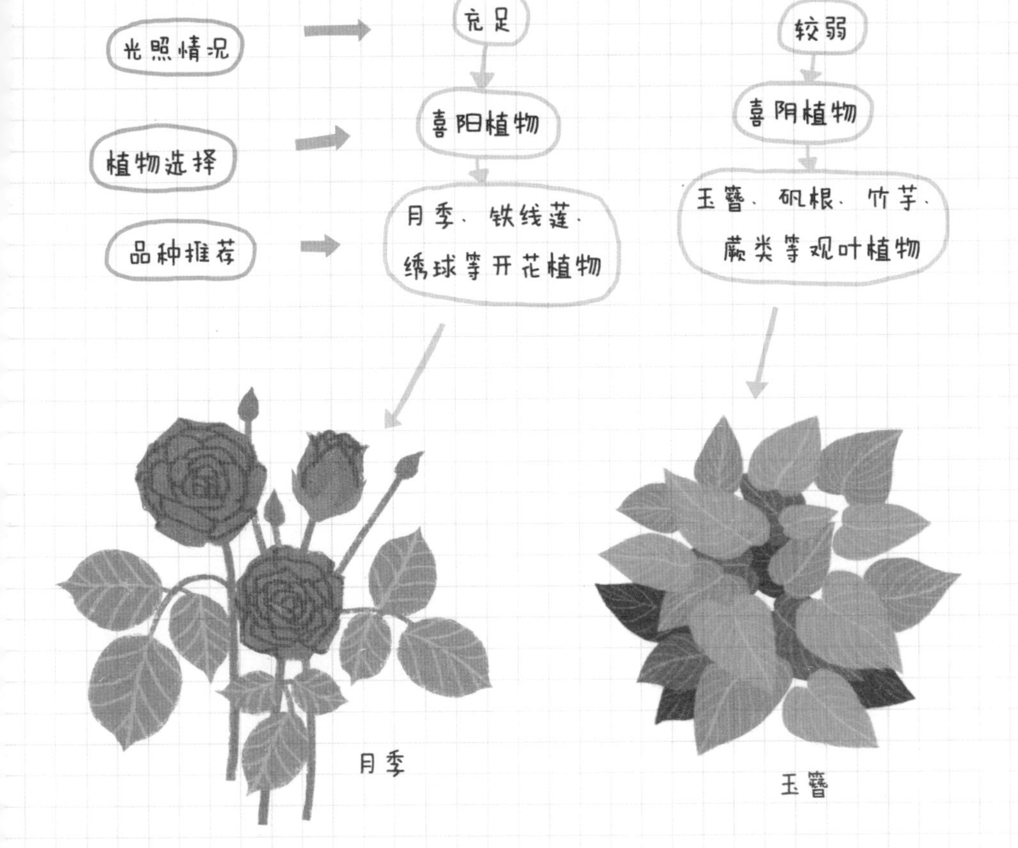

月季

玉簪

过冬温度

如果你的植物是在室内养，冬天室内只要不低于0℃，一般都可以安全过冬，如果你的植物是在室外养，冬天过冬是必须要考虑的问题，所以，请存好这张中国植物耐寒区分布图。

这图怎么看？

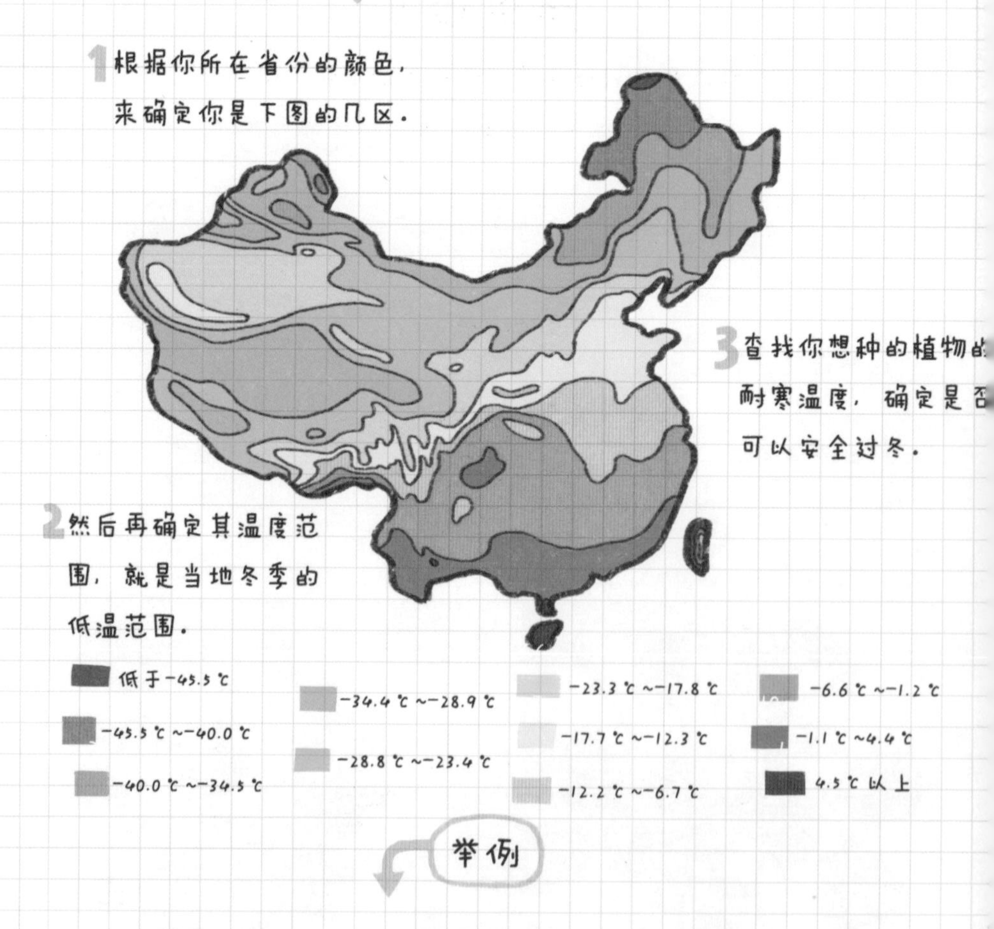

举例

比如我在郑州，属于8区，冬季低温范围在-12.2℃至-6.7℃，那么我的植物想要在室外过冬，要能承受-12℃的温度，才能安全过冬。

网购时间

选好植物之后，在买买买之前先暂停一下，来了解一下不同类型植物的最佳购买时间。

植物分类	购买时间	举例
观叶植物	除了冬季，其他时间都可以	蕨类、竹芋等
木本植物	春季和秋季最佳	月季、铁线莲、绣球
秋季植物	一般6~9月预售，10~12月发货	郁金香、风信子、洋水仙等
春季植物	一般11~2月预售，3~5月发货	百合、大丽花等
一年生植物	春季购买种子播种	向日葵、牵牛等
二年生植物	秋季购买种子播种或春季购买小苗	矮牵牛、角堇等

了解植物生长习性

下单之后，在等待的过程中，可以花时间去了解一下植物的生长习性以及养护技巧等理论知识，为实践做准备。

店铺挑选

好了，了解了不同植物的不同购买时间，终于可以打开淘宝，输入你想买的植物，然后你会遇到一个地雷阵，一不小心，就会踩到雷，比如：

买到的植物打开之后已经go die（死了）；
虽然活着却发现和照片上不一样；
和照片上一样过了几天开花之后又不一样；
甚至还没有开花就又挂了。
如何避雷？我分享一些经验：

1. 不要图便宜，买最低价的植物。
2. 销量高的，有时候不一定是最好的。
3. 看一下店铺动态评分里的描述相符评分，低于同行直接排除。
4. 如果你要买的植物有种子也有小苗，新手尽量买苗。
5. 原则上别买宿迁发货植物，除非你想买个福袋给自己一个"惊喜"。
6. 使用"合并同款宝贝"功能，几百家店铺在售的同款植物，不要买。
7. 如果有条件，尽量找花友介绍的店铺。

剁手之前

选好店铺或者植物之后，需要和店主沟通以下几个问题：

1 问清发货地点，很多店铺的植物都是代销，老板自己都不知道植物长啥样，尽量不要买。

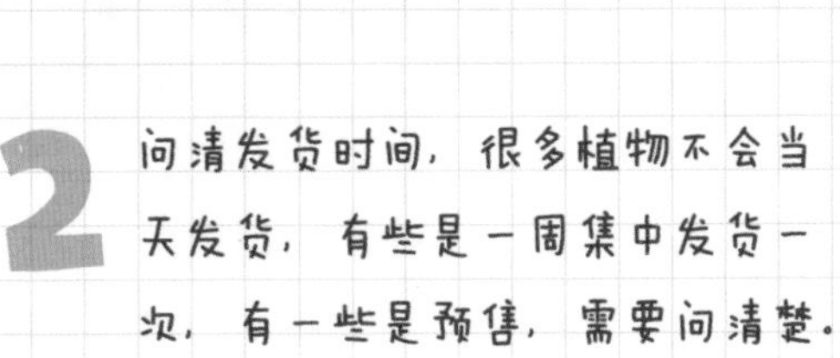

2 问清发货时间，很多植物不会当天发货，有些是一周集中发货一次，有一些是预售，需要问清楚。

3 问清物流快递，尽量选择自己这边比较靠谱的快递，避免植物在路上耽误太久导致死亡。

4 问清植物规格，很多卖家会放一些开花效果图，收到的却是穴盘苗，所以要问清楚，避免纠纷。

PS：网购小苗，一般都是3棵种一盆，后期长得快，效果要比单棵好看很多。

收到之后

1 不管卖家对植物的包装如何，植物在路上都是煎熬，所以收到植物之后，要第一时间完全打开包装，让植物充分透气。

2 打开包装后，如果发现根系土壤变干，需要马上给根系喷水，保持湿润。

3 如果植物已经死亡，要第一时间联系卖家，避免因时间过长，说不清楚。

4 植物买回来，需要尽快种植，如果几天之内不能种植，在核对完品种数量无误后，尽量放在室内半阴通风处，保持根系湿润存放。

5 需要换盆的植物，尽快换盆。

好了，这个时候，你就可以把之前学习到的理论知识，付诸行动了，希望你能养好她。

花盆挑选手册

很多阳台党抱怨自己的植物养了不久就死掉，
光照也行，用的也是营养土，但还是不行。

其实一棵植物的健康生长，离不开一个好花盆。
好花盆有三个标准：颜值高、透气性好、大小合适。

颜值高

一棵植物的颜值，一半都来自花盆，比如以下两个花盆，同一种植物，看一下效果

另外就是透气性，透气性好的花盆，根系生长好，反之，如果加上浇水不当，很容易导致烂根。

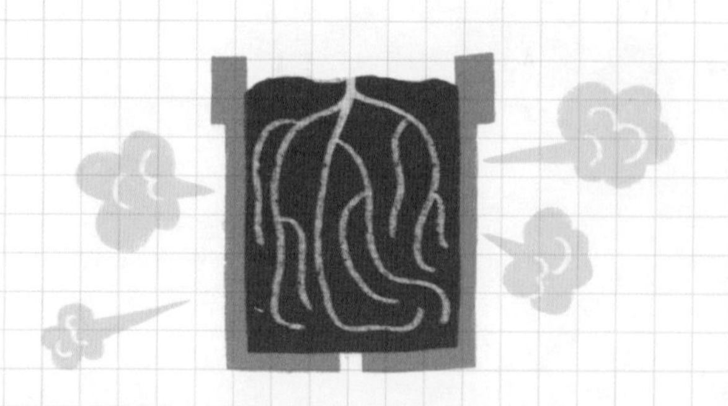

常见花盆

瓦盆

优点：透气性好、便宜、

缺点：重，易碎

陶盆

优点：透气性好，规格多，颜值高

缺点：易碎

瓷盆

相比陶盆多一层釉质层，更光滑。

优点：颜值高

缺点：透气性差，较贵

塑料树脂花盆

优点：价格便宜、耐摔

缺点：不太透气、颜值较低

水泥花盆

优点：透气性好，颜值高

缺点：较重、较贵

木花盆

优点：颜值高

缺点：易变形腐烂

铁皮花盆

优点：颜值高

缺点：透气性较差

玻璃花盆

优点：颜值高

缺点：易碎

挑选手册

看了这么多花盆，有大有小，有高有低，到底怎么选呢？

先说大小

花盆太小，土壤太少，很容易缺水，根系也伸展不开。

花盆太大，土壤太多，不易控制浇水，影响根系生长。

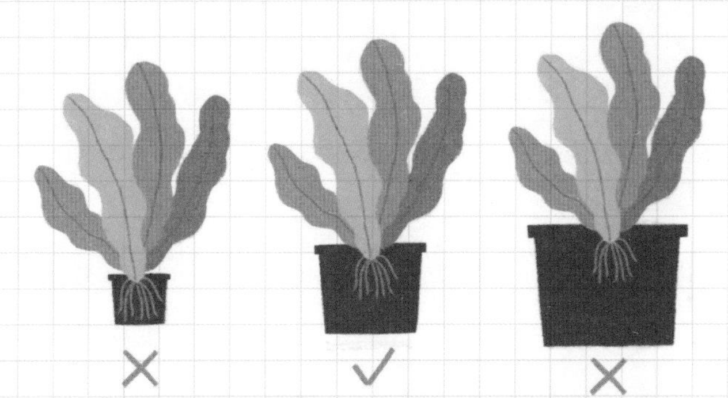

然后你要了解两个名词

冠幅：冠幅是苗木里的一个名词，在这里，你可以简单地理解为，你的植物有多大。

口径：口径是指花盆盆口的直径，一般会写在花盆底部。

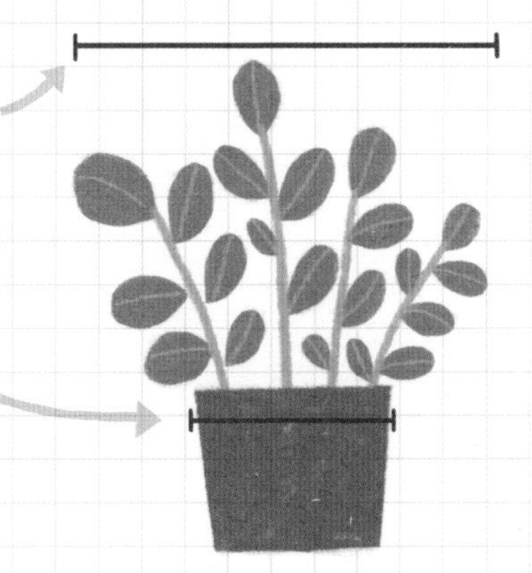

Tips

正常情况下，花盆的冠幅和口径的比例≈1：1，随着你的植物不断长大，当你的植物冠幅远远超过花盆口径时，你就需要换盆了。如果你是播种，更要随着植物的长大，不断换盆。

然后是高低

比较修长的植物，比如虎尾兰、兰花、竹类等，适合选择瘦高的花盆。

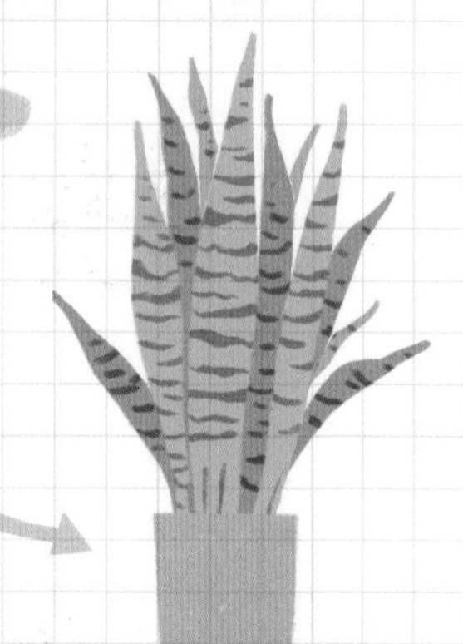

整体比较蓬松的植物，比如栀子花、茉莉、绿萝等，适合胖矮的花盆。

花盆太小太矮，植物太高太大，让人感觉头重脚轻。
花盆太高太大，植物太矮太小，让人感觉脚重头轻。

具体到不同植物，有一些小技巧：

1 草本植物高度：花盆高度 = 1 ： 1 或者 1.5 ： 1。

2 木本灌木或小乔木高度：花盆高度 = 1.5 ： 1 或者 2 ： 1。

3 多肉植物有专用的多肉盆。

4 酢浆草可以用小方盆。

5 兰花一般喜欢用紫砂盆。

6 水培植物一般用玻璃瓶。

植物浇水手册

浇水是饲养一盆植物最常见的劳动，因为常见，所以很多人会以为很简单，其实，浇水里面有非常多的技巧，掌握好浇水这项技能，能让你的植物陪伴你更久。

浇什么水

雨水、自来水都行，网上说自来水含氯，对植物不好，其实植物没有那么娇贵。倒是网上流传淘米洗鱼水、隔夜茶水、过期牛奶酸奶，建议不要使用。

原因有二：

1.这些液体的营养物质，需要发酵后才能被植物吸收，发酵会产生热量，掌握不好剂量，很容易伤到植物根系。

2.它们发酵过程中，还会产生难闻的异味，所以不推荐。

浇水时间

选择浇水时间时，要考虑一下水和土壤的温度差，温差太大，对根系产生刺激，影响生长。所以不建议中午浇水。中午气温高，水温低，很容易对根系产生刺激；另外，水滴在叶片上，很容易灼伤叶片。

Tips

自来水可放置一段时间，让水温和室温基本一致，再进行浇水。

浇水方式

最合理的浇水方式是均匀浇到植物根部。

错误的浇水方式有：只浇叶片、叶心，或者喷雾式浇水。

如果你的植物太久没有浇水，可试一下浸盆法，保证浸透。

浇水常识

1. 叶片大小

例

大叶植物蒸腾快，
对水分的需求，
比小叶植物要大。

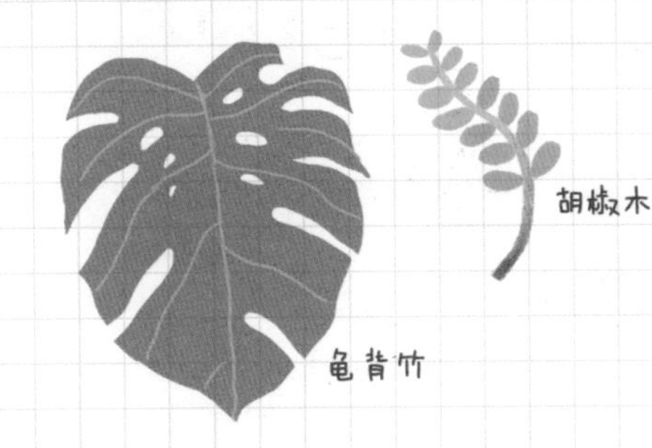

2. 叶片厚度

例

肉质叶片含水多，
对水分需求较小。

3. 季节

春夏生长期的植物，
比秋冬休眠期的植物，
对水分需求更大。

4. 草本和木本

例

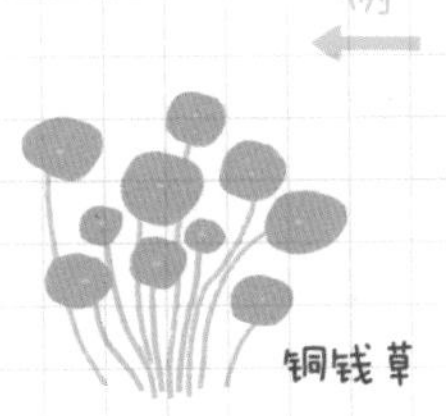

草本植物一般比木
本植物更容易缺水。

浇水周期和水量

周期

很多人总是问：几天浇一次水？

其实很难回答，因为要考虑不同植物的生长习性和生长环境，所以，只有认真实践观察，才能知道自己的植物，几天浇一次水最合适。

在你摸索浇水周期时，

有一个tips：

那就是经常抱一抱你的植物，先浇透水抱一次，感受一下重量，过几天再抱一下，如果有明显的变轻，就需要浇水啦。

水量

不同花盆水量不同，但最终以浇透为目标，一定要掌握"不干不浇，一次浇透"原则。

需要注意的是，有时候稍微一浇水就会从花盆底部流出，其实并没有浇透，是因为土壤板结导致水顺着盆壁流出，建议先疏松土壤，再进行浇水，或者用浸盆法浸透。

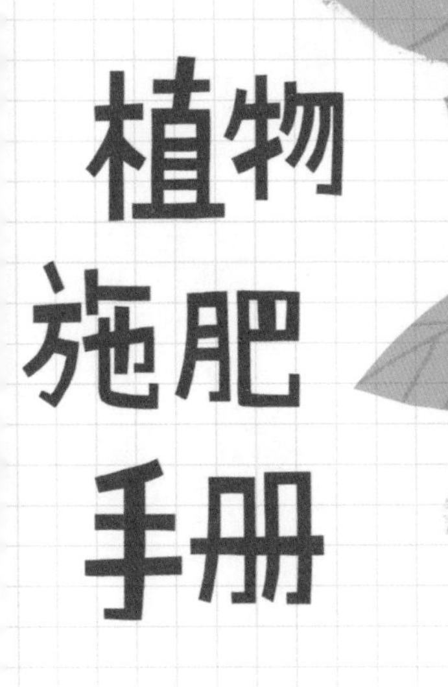

植物施肥手册

植物在生长过程中会需要吸收一些营养元素，能提供这些营养元素的物质，就是我们常说的肥料。

盆栽植物基质容量有限，其中营养也有限，所以想要植物长得好，需要定期施肥。

营养元素

在介绍肥料之前，你需要先简单了解一下营养元素。

植物生长所需营养元素一共16种，分别是：

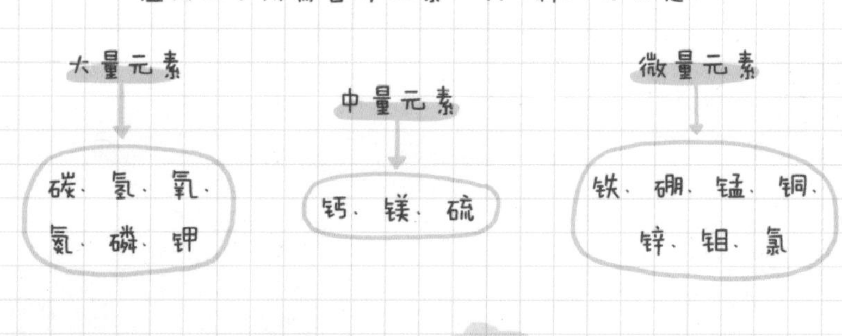

其中，碳、氢、氧可以从空气和水里获得；

氮、磷、钾、和中微量元素则需要从土壤里获得。

花盆里的土壤有限，所以需要定期换土和施肥来补充营养。

三大营养元素对植物的作用

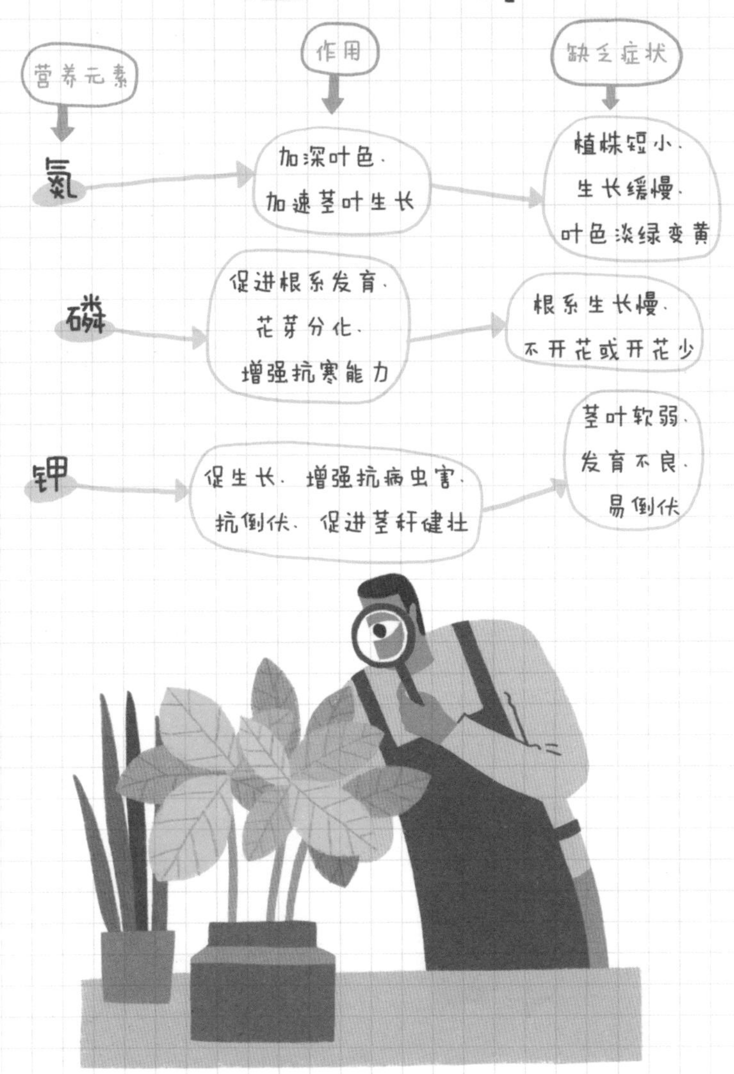

大家日常可以通过仔细观察，来判断植物是否缺肥，并合理用肥。

肥料种类

肥料的种类有很多，从施用时间可以分为底肥和追肥，简单给大家介绍一下底肥，也叫基肥，是播种或者移栽时使用的肥料，肥效慢，效果持久。常见的底肥有：

有机肥

也叫农家肥，包括绿肥、人粪尿、厩肥、堆肥、沤肥、沼气肥和废弃物肥料等，推荐大家购买腐熟的牛羊鸡粪粉末作为底肥。

缓释肥

也叫缓效肥、控释肥，意思是可以控制养分释放的速度，使植物持续吸生长，常用的有两种：

奥绿缓释肥

黄色的颗粒，一般都是小瓶小袋分装，很多型号，使用通用型就行。

魔肥

小粒：肥效1.5个月

中粒：肥效6个月

大粒：肥效12个月

可以根据你所养的植物的生长周期，选择合适的规格。

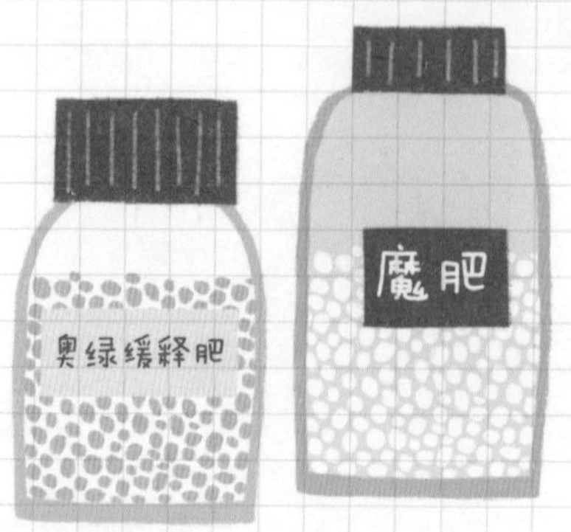

有机肥

追肥

为了防止烧苗，底肥不宜施用太多，但是植物生长期又需要大量养分，所以除了底肥，生长期还需要追肥，上面介绍的缓效肥可以追肥，另外速效肥也可以用作追肥，常用的速效肥有：

花多多水溶肥

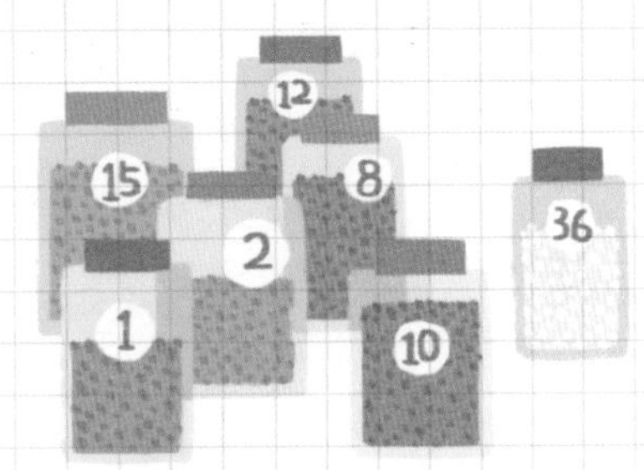

蓝色颗粒，溶于水，型号非常多，一般生长期使用1号通用肥，开花前使用2号，以及36号微量元素肥。

美乐棵液肥

浓缩液体，兑水稀释使用，有通用型，也有针对不同植物的专用液肥。

磷酸二氢钾

叶面肥，开花植物促开花，观叶植物增色，十分好用，选购时要注意品牌，避免买到假肥。

海藻肥

此外还有海藻肥，是从海洋里大型海藻提取的生物肥，富含矿物质和维生素，天然、高效。

施肥手册

介绍了这么多肥之后，最后来说一下具体的使用办法。

比例

每种肥施用时，都有一定的比例，比如花多多水溶肥，一般是千分之一的比例，也就是1克肥，1000克水。所以在施肥时，一定要先了解清楚。

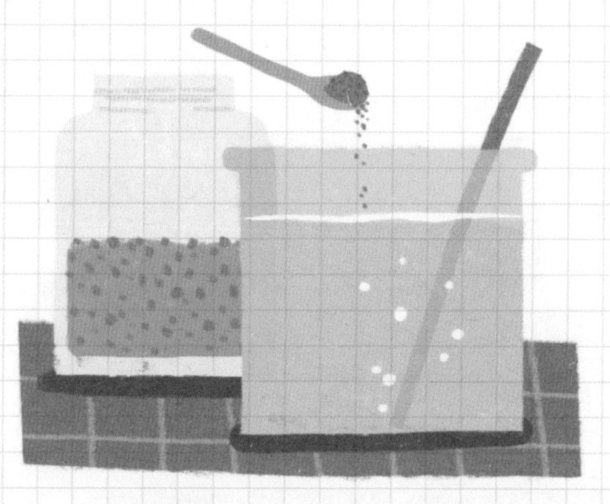

在植物的不同生长期，施肥的比例也不太一样，以花多多为例：

小苗期：1：1500~2000

生长期：1：1000

开花期：1：800

Tips：植物在刚发芽时，不宜施肥。

频率

底肥的频率一般是随着植物的生长周期来定，一般是一年1~2次，结合春秋换盆时进行。

追肥的频率，一般是一周一次，原则上是薄肥勤施，既不浪费，又利于吸收。

另外，如果使用水溶肥，建议每使用三次，浇一次清水，避免基质板结。

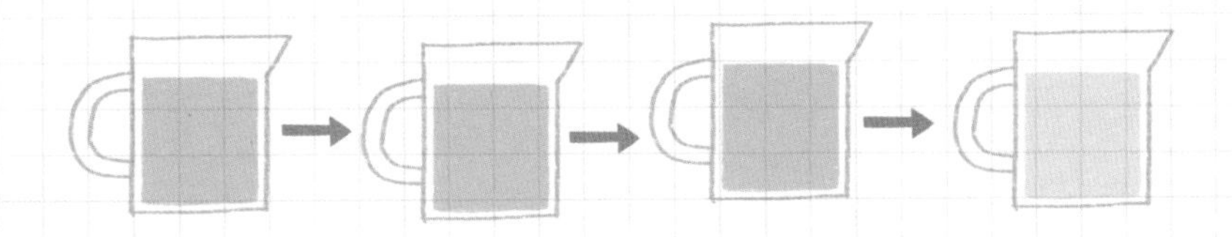

营养土配制手册

很多小伙伴的盆栽植物长不好甚至死掉，

大部分都是用了黄土做基质。

黄土其实是非常差的基质，缺点有：

1 盆栽营养有限，易生杂草；

2 保水性好，根系容易腐烂；

3 透气性差，影响根系生长；

所以想要养好一盆绿植，

首先要抛弃黄土，选择**营养土**。

梅尔土

一提营养土，很多人习惯去买草炭土，草炭是一种不可再生资源，已经被过度开采，所以建议大家来学习自己配土。

配土其实非常简单，只需要三种基质，就可以配制出干净卫生有营养的营养土。这种配制方法由美国园艺家“梅尔”创造，所以也叫梅尔土。这三种基质是：蛭石、椰糠、有机肥。分别介绍一下：

蛭石

蛭石是一种天然、无机，无毒的矿物质，透气性和保水性都非常好。园艺上有几种大小规格：

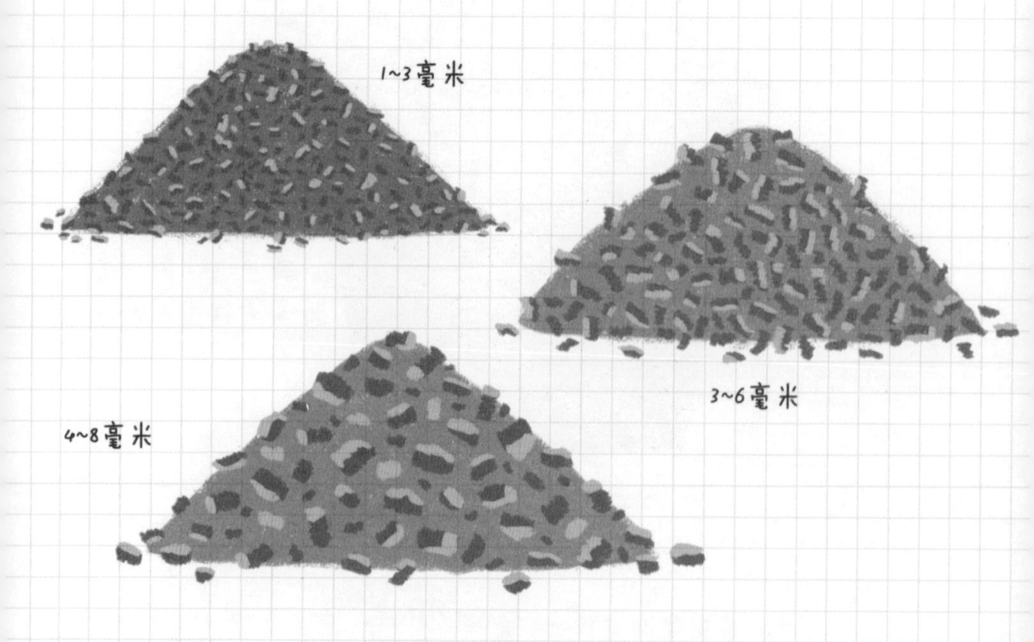

其中1~3毫米的蛭石供播种育苗使用，其他两种供栽培使用。

椰糠

椰糠是椰子外壳纤维粉末，是一种非常环保的有机基质，

我们能买到的一般是椰糠压缩后的椰砖，规格有两种：

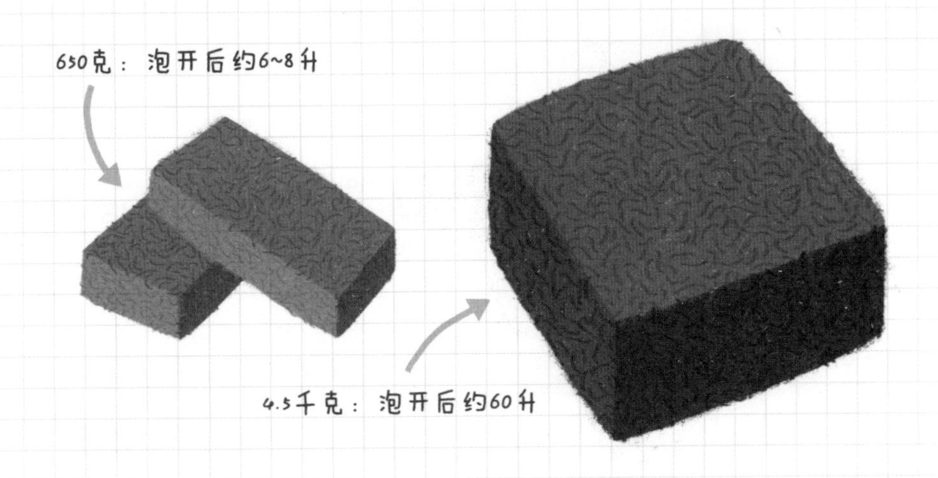

椰糠购买技巧：

1 首选低盐椰糠，不要贪便宜，购买高盐椰糠，盐度太高植物生长不好；

2 椰糠买回来要用水泡开，建议用清水多冲洗几次，洗掉多余盐分。

有机肥

蛭石是无机基质，椰糠里的营养也十分有限，所以，需要有机肥来提供营养。

配制办法

配制办法非常简单

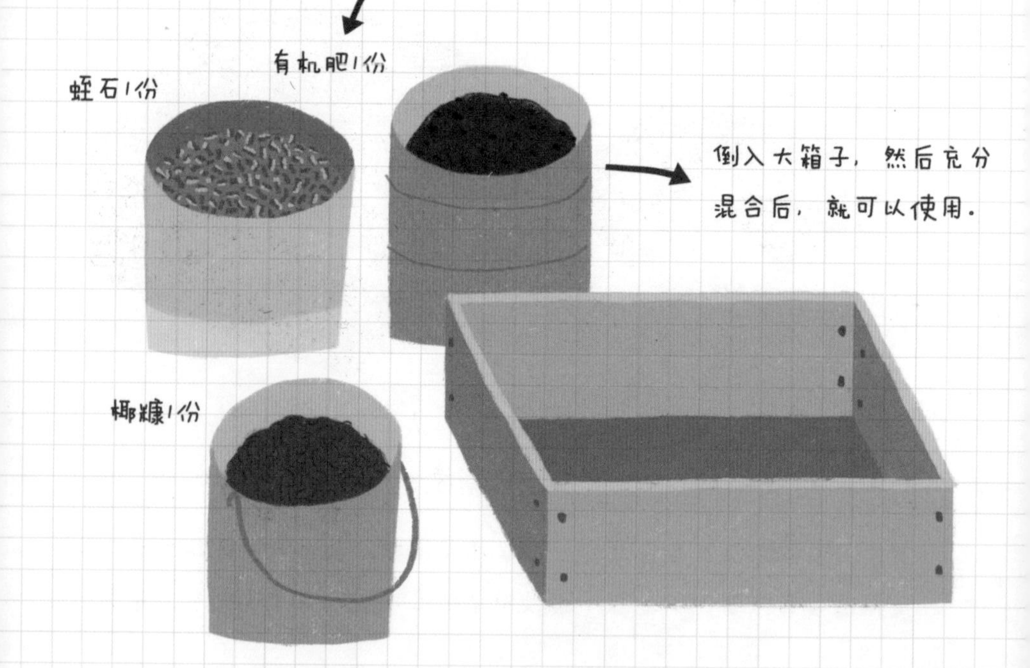

最后总结一下梅尔土的优点：

透气保水性非常好

代替草炭土，非常环保

没有病菌虫卵，干净卫生

没有杂草种子，使用时间长

学会了吗？快点去亲自给你的植物配土吧。

堆肥
手册

阳台堆肥

肥料是植物的好伙伴，尤其是对盆栽植物，它可以提供充足的养分，让植物茁壮生长。

除了购买有机肥、化肥之外，还可以利用厨余垃圾落叶杂草进行自制肥料，也就是俗称的“堆肥”。

国外非常流行堆肥，几乎每个花园都会配备一个堆肥箱，把落叶、枯枝杂草转化成有机肥，环保、卫生，使用起来充满愉悦感。

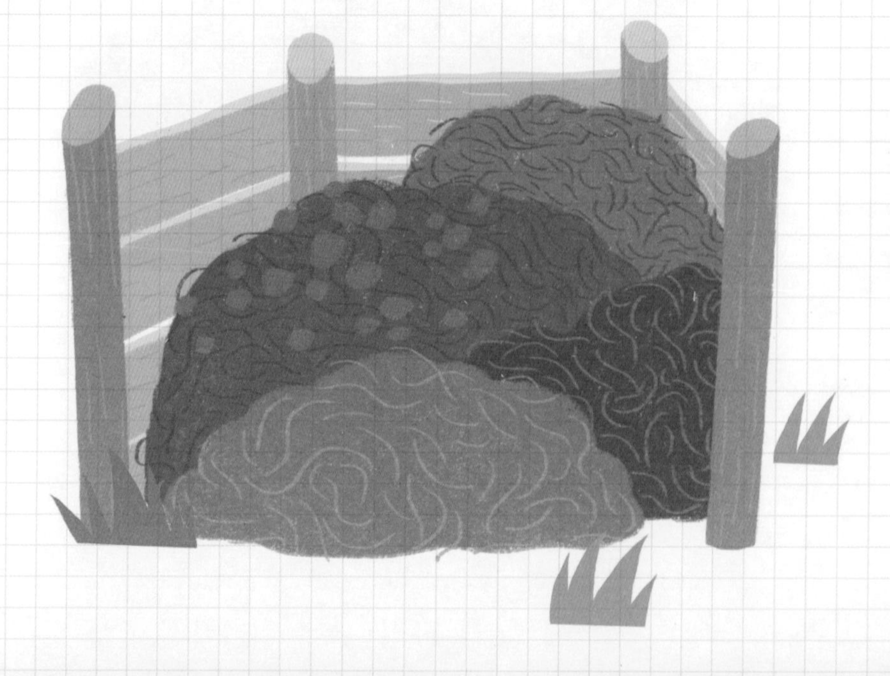

堆肥方式

根据对氧气的需求，堆肥分两大类：

好氧堆肥和厌氧堆肥。

厌氧堆肥

厌氧微生物在无氧条件下，把物料吸收分解形成有机肥料。

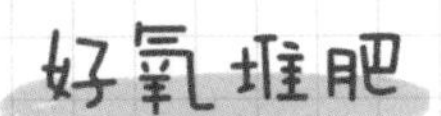

好氧菌在有氧的条件下，把物料进行吸收、氧化、分解，形成有机肥料。

厌氧堆肥如果密封不好，会出现异味，所以我们这里推荐好氧堆肥。

堆肥材料

堆肥材料分两类：褐料（brown）和绿料（green）。

褐料

是指含碳较多的物质，比如落叶、玉米秸秆、枯枝、木屑等，一般都是棕褐色。

绿料

是指含氮较多的物质，比如杂草、树叶、蔬果皮、咖啡渣、茶叶渣，一般都是绿色。

Tips 不建议把肉类和乳制品加入堆肥中，以免变质引发恶臭和蝇虫。

材料收集

落叶、杂草、树叶，可以从小区或公园收集；

果蔬皮、咖啡渣、豆渣、蛋壳，日常收集；

稻草、木屑，需要专门去收集，也可以用椰糠代替。

其他材料

1 堆肥箱 ×2

2 带滤网的厨余回收桶×1 回收家庭厨余

3 园艺铲×1 定期翻搅厨余

4 纱网×1 遮盖堆肥箱，避免猫狗宠物翻搅

Tips

在收集材料时，要了解一个名词，叫碳氮比，就是褐料和绿料的比例。合理的碳氮比，堆出来的有机肥最有营养。一般按体积来算：绿料：褐料=2：1，也就是两份绿料配一份褐料。

堆肥步骤

1 将当天的厨余放在回收桶里充分过滤水分。

2 在堆肥箱铺3厘米厚营养土或木屑（椰糠），将厨余倒入堆肥箱。

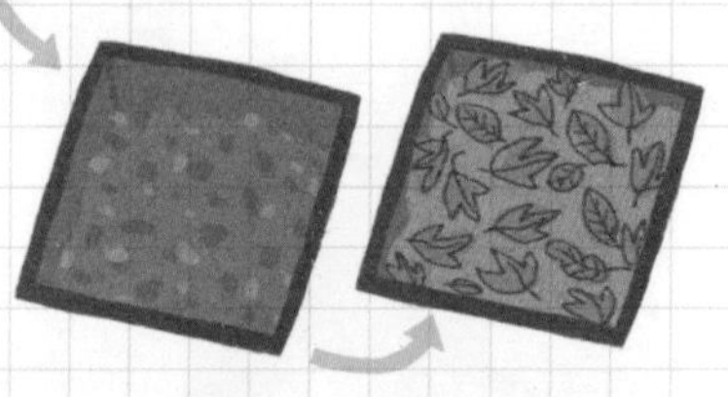

3 在厨余表面撒一层落叶，然后用园艺铲充分搅拌，大块厨余可以切碎或者挑出来。

4 每次加入新厨余都要加一层落叶（或木屑、椰糠），然后盖上纱网。

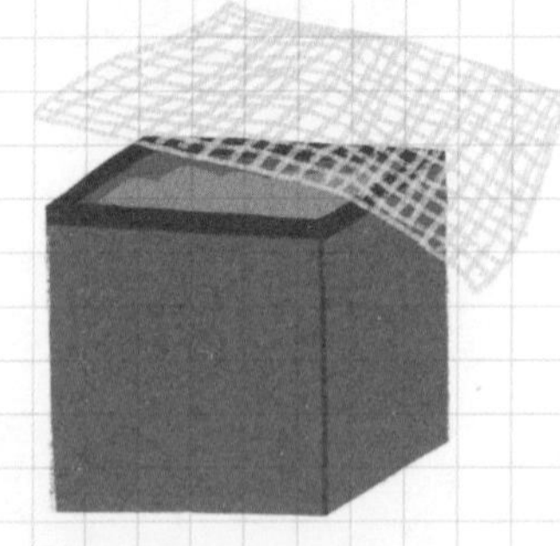

5 堆肥箱装满后换第二个，第二个装满时，第一个堆肥箱已经堆肥完成可以使用。

Tips

1.厨余堆肥一定不能太湿，不然会产生异味。

2.每隔5天，需要完成充分翻搅堆肥箱，加速厨余分解发酵。

堆肥使用

判断堆肥成熟的标准：

1.外观：疏松、颗粒物居多。

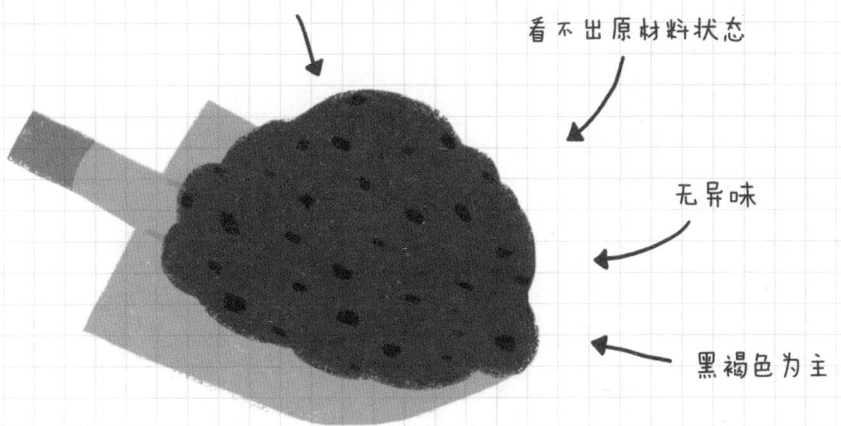

2.pH值：可以测试一下pH值，一般是中性。

用途：

1.底肥：和其他基质充分混合，改良基质。

2.追肥：在植物生长季，适量加入，作为追肥。

水泥花盆

制作手册

水泥花盆

如果你喜欢宜家风、北欧风、性冷淡风，

那么你的家、你的办公桌，要么有一个水泥花盆，

要么还缺一个水泥花盆。

大型水泥花盆可以种琴叶榕，虎尾兰，

迷你水泥花盆可以种多肉，仙人球，

总之，你肯定需要这份水泥花盆制作教程。

材料准备

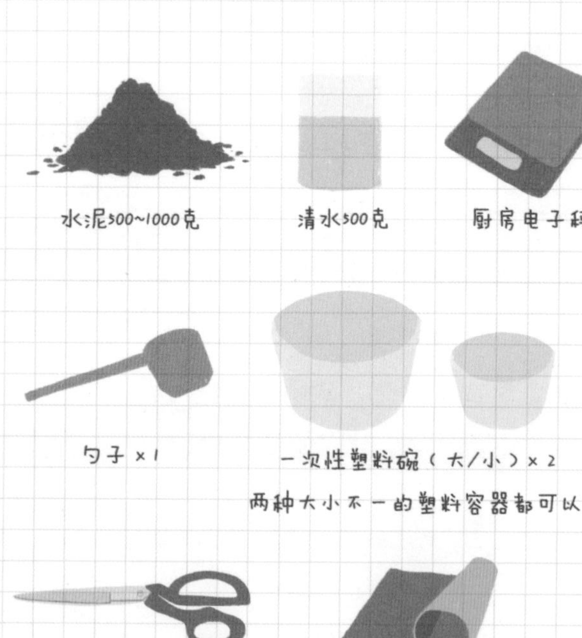

水泥500~1000克

清水500克

厨房电子秤

鹅卵石若干

勺子×1

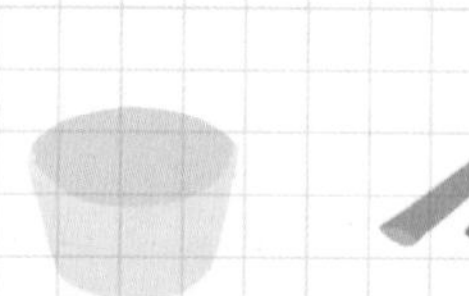

一次性塑料碗（大/小）×2

两种大小不一的塑料容器都可以

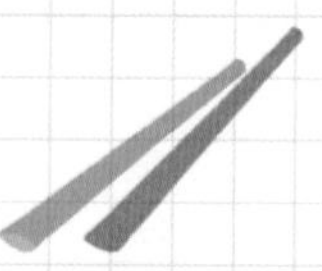

一次性吸管×1

剪刀×1

细砂纸×1

美工刀×1

电工胶带×1

筷子×1

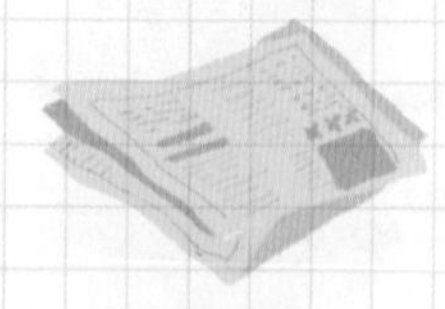

废报纸若干

提示

鹅卵石可以用其他重物代替；

筷子可用木条等条状物代替；

水泥用425水泥，有黑白两色均可。

称重

1.取大碗一个，放置电子秤，用勺子盛水泥，称重500克。

2.取小碗一个，放置电子秤，慢慢倒入清水，称重200克。

水泥和水的比例大约为5:2

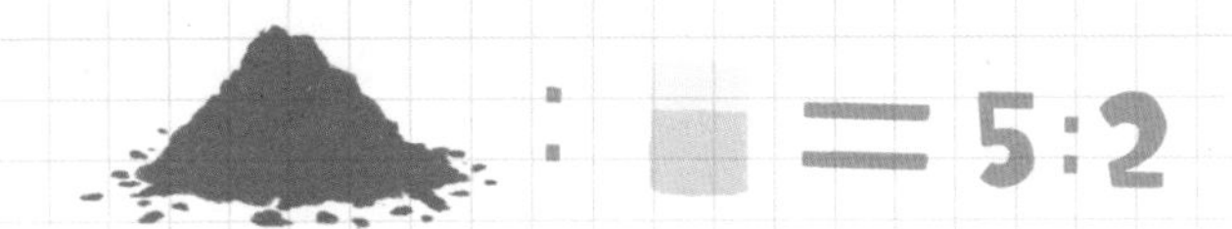

水泥有粉末，请全程佩戴一次性口罩和手套

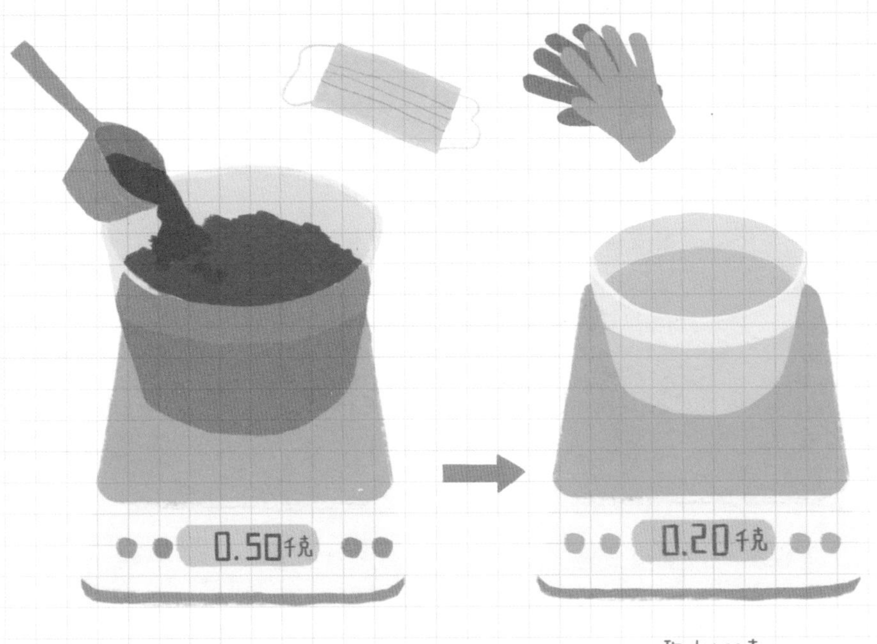

称水泥500克

称水200克

模具准备

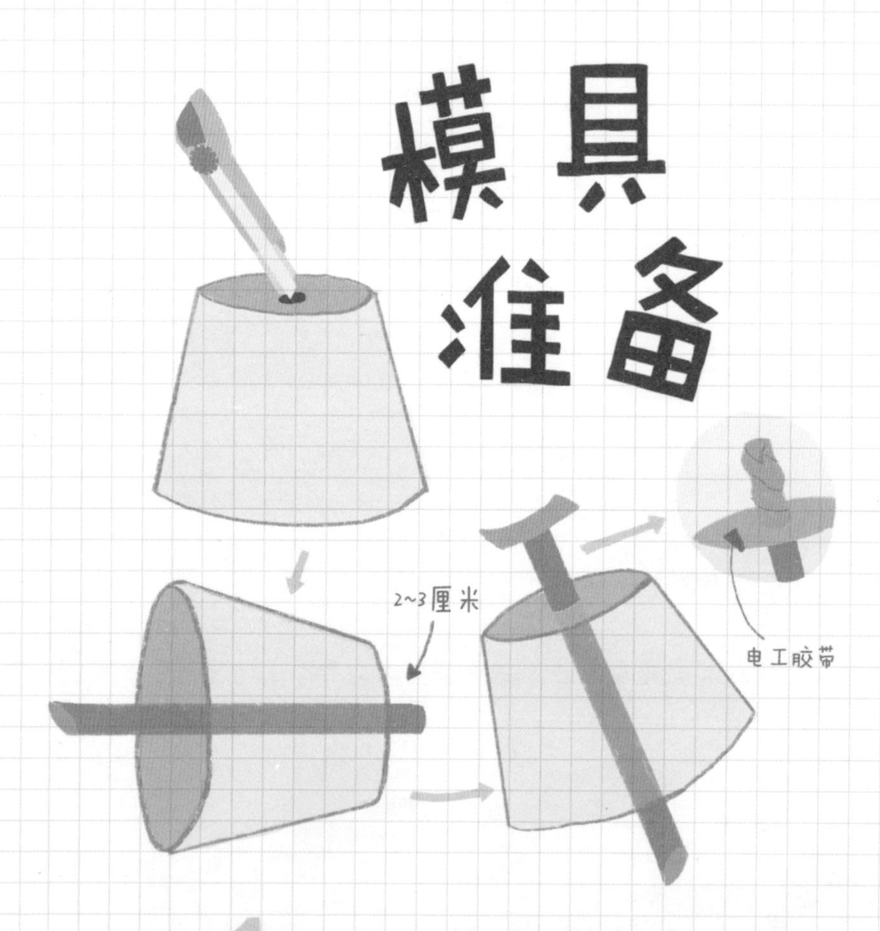

1 用美工刀在小碗底部挖一个小孔。

2 将吸管慢慢插入底部小孔。

3 用剪刀剪一段胶带，将吸管底部封住。

Tips

1.小碗底部吸管的长度，决定花盆底部厚度，建议2~3厘米。

2.小碗挖孔和吸管粗细一致，太大容易脱落。

搅拌水泥

1 将清水慢慢倒入水泥，并用筷子不断搅拌。

2 将水泥充分搅拌，直至黏稠且顺滑。

3 根据需要，将搅拌均匀的水泥适量倒入另外一个大碗。

4 敲击大碗或者震动大碗，排出水泥里的空气气泡。

Tips
倒水时，可以缓慢多次倒入，避免一次倒入过多；
将水泥倒入另外一个大碗时，倒入一半左右即可。

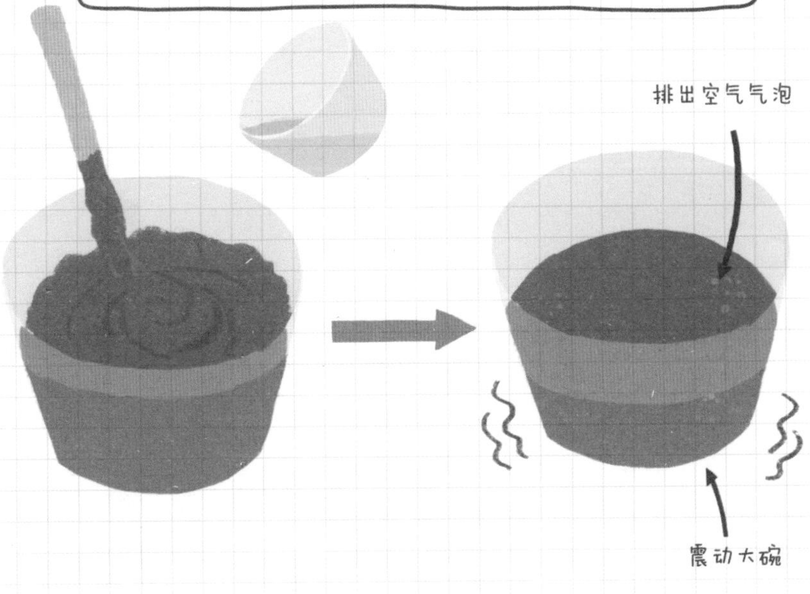

放置小碗

1 水泥空气排净之后，将装有吸管的小碗放入大碗。

2 将鹅卵石慢慢放入小碗，注意不要让小碗倾斜。

3 放入鹅卵石后，保证小碗稳固，没有往上漂浮。

4 将大碗和小碗放置阴凉处，晾干24小时。

Tips

1. 鹅卵石等重物，如果重量不均匀，可以用细沙代替。

2. 小碗可以位于大碗中间，也可以稍微偏一点。

脱模打磨

晾干24小时后，可以开始脱模。

1 倒置大碗，轻轻旋转大碗底部，将大碗脱出。

2 轻轻旋转里面的小碗，将小碗慢慢脱出。

3 剪一块细砂纸，轻轻打磨水泥花盆，直至表面光滑。

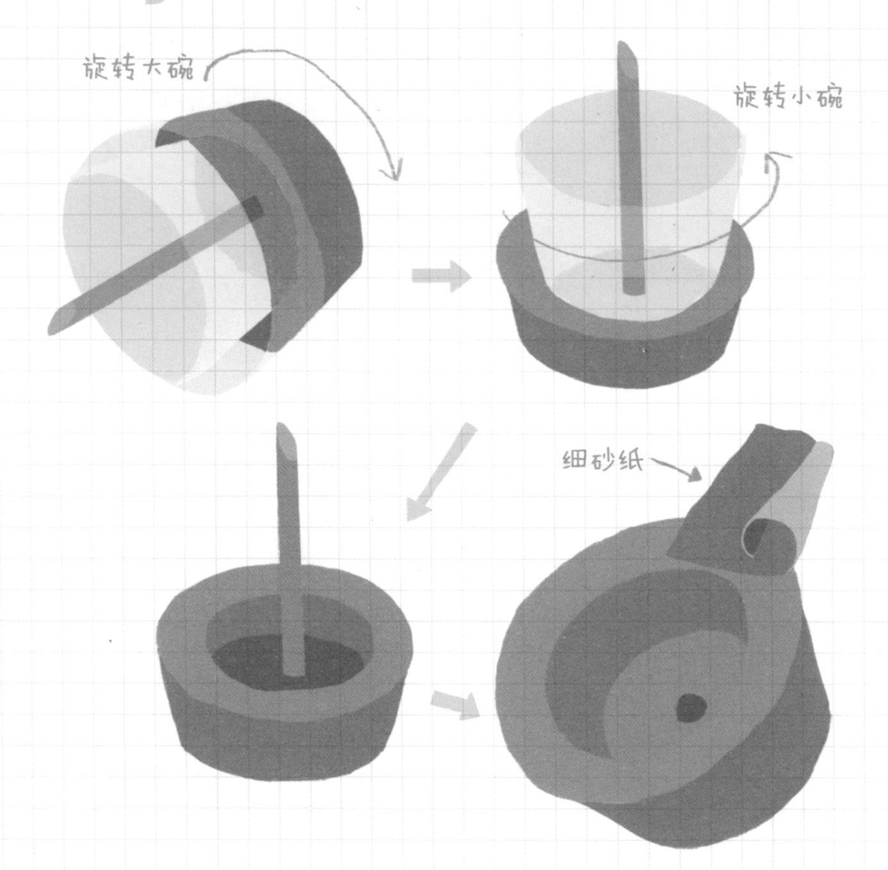

植物种植

做好的水泥花盆，

就可以用来种植物啦，

植物推荐：

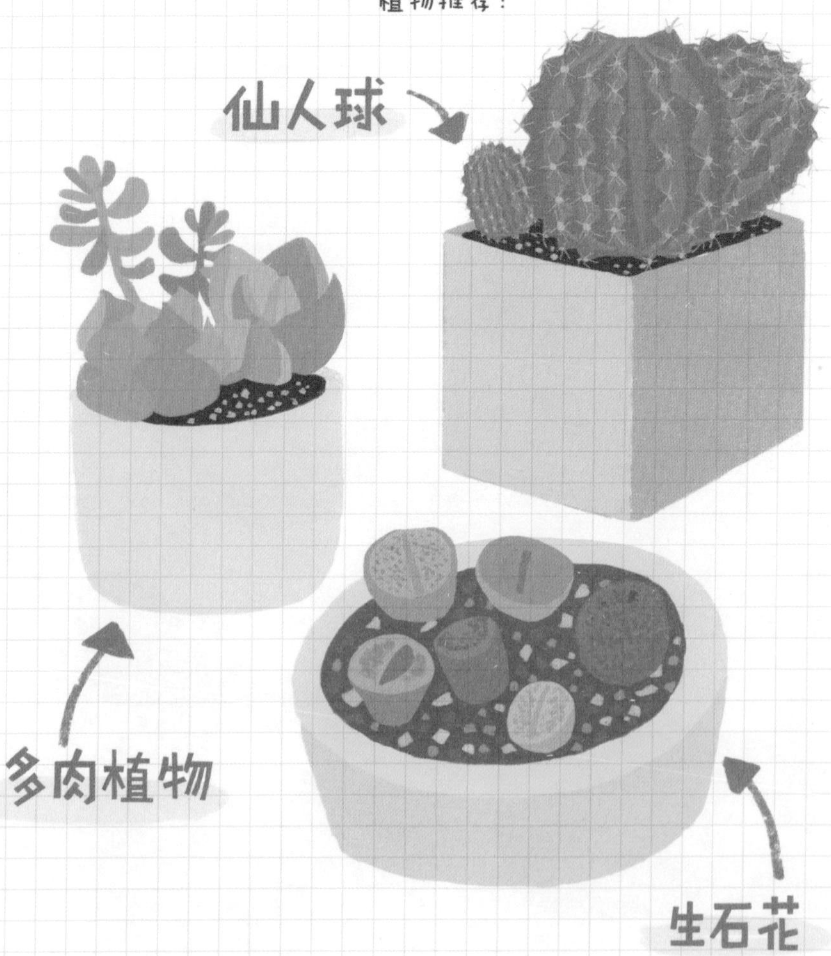

饲养日志

日期	记录

饲养日志

日期	记录
______	
______	
______	
______	

饲养日志

日期	记录

饲养日志

日期　　记录

饲养日志

日期	记录

饲养日志

日期	记录
______	
______	
______	
______	

饲养日志

日期	记录

饲养日志

日期	记录